网络安全运营服务能力指南

九维彩虹团队之
网络安全运营

范　渊　主　编
袁明坤　执行主编

電子工業出版社
Publishing House of Electronics Industry
北京·BEIJING

内 容 简 介

近年来，随着互联网的发展，我国进一步加强对网络安全的治理，国家陆续出台相关法律法规和安全保护条例，明确以保障关键信息基础设施为目标，构建整体、主动、精准、动态防御的网络安全体系。

本套书以九维彩虹模型为核心要素，分别从网络安全运营（白队）、网络安全体系架构（黄队）、蓝队“技战术”（蓝队）、红队“武器库”（红队）、网络安全应急取证技术（青队）、网络安全人才培养（橙队）、紫队视角下的攻防演练（紫队）、时变之应与安全开发（绿队）、威胁情报驱动企业网络防御（暗队）九个方面，全面讲解企业安全体系建设，解密彩虹团队非凡实战能力。

本分册是白队分册，讲解网络安全运营。白队作为网络安全运营架构中的重要角色，基于企业客户的业务场景，形成网络安全体系、事件流程、知识、产品、服务、团队的整合运营，以管理和技术并行，实现全生命周期的整体安全目标。

本分册通过安全运营体系建设、安全合规管理、资产管理、项目管理、人力资源管理、网络安全事件管理、情报管理、风险管理、知识管理、安全运营平台建设、网络安全品牌运营、安全行业分析、安全生态运营等维度，体系化地详细阐述了企业安全运营团队的主要工作，帮助企业管理者从全局性视角深度运营企业资源并发挥其最大价值，有效提升企业市场竞争力。

图书在版编目（CIP）数据

网络安全运营服务能力指南. 九维彩虹团队之网络安全运营 / 范渊主编. —北京：电子工业出版社，2022.5

ISBN 978-7-121-43428-0

Ⅰ. ①网… Ⅱ. ①范… Ⅲ. ①计算机网络－网络安全 Ⅳ. ①TP393.08

中国版本图书馆 CIP 数据核字(2022)第 086728 号

责任编辑：张瑞喜

印　　刷：中国电影出版社印刷厂

装　　订：中国电影出版社印刷厂

出版发行：电子工业出版社

　　　　　北京市海淀区万寿路 173 信箱　邮编：100036

开　　本：787×1092　1/16　印张：94.5　字数：2183 千字

版　　次：2022 年 5 月第 1 版

印　　次：2022 年 11 月第 2 次印刷

定　　价：298.00 元（共 9 册）

凡所购买电子工业出版社图书有缺损问题，请向购买书店调换。若书店售缺，请与本社发行部联系，联系及邮购电话：（010）88254888，88258888。

质量投诉请发邮件至 zlts@phei.com.cn，盗版侵权举报请发邮件至 dbqq@phei.com.cn。

本书咨询联系方式：zhangruixi@phei.com.cn。

本书编委会

《网络安全运营服务能力指南》

总 目

《九维彩虹团队之网络安全运营》

《九维彩虹团队之网络安全体系架构》

《九维彩虹团队之蓝队“技战术”》

《九维彩虹团队之红队“武器库”》

《九维彩虹团队之网络安全应急取证技术》

《九维彩虹团队之网络安全人才培养》

《九维彩虹团队之紫队视角下的攻防演练》

《九维彩虹团队之时变之应与安全开发》

《九维彩虹团队之威胁情报驱动企业网络防御》

推荐序

2016 年以来，国内组织的一系列真实网络环境下的攻防演习显示，半数甚至更多的防守方的目标被攻击方攻破。这些参加演习的单位在网络安全上的投入并不少，常规的安全防护类产品基本齐全，问题是出在网络安全运营能力不足，难以让网络安全防御体系有效运作。

范渊是网络安全行业“老兵”，凭借坚定的信念与优秀的领导能力，带领安恒信息用十多年时间从网络安全细分领域厂商成长为国内一线综合型网络安全公司。袁明坤则是一名十多年战斗在网络安全服务一线的实战经验丰富的“战士”。他们很早就发现了国内企业网络安全建设体系化、运营能力方面的不足，在通过网络安全态势感知等产品、威胁情报服务及安全服务团队为用户赋能的同时，在业内率先提出“九维彩虹团队”模型，将网络安全体系建设细分成网络安全运营（白队）、网络安全体系架构（黄队）、蓝队“技战术”（蓝队）、红队“武器库”（红队）、网络安全应急取证技术（青队）、网络安全人才培养（橙队）、紫队视角下的攻防演练（紫队）、时变之应与安全开发（绿队）、威胁情报驱动企业网络防御（暗队）九个战队的工作。

由范渊主编，袁明坤担任执行主编的《网络安全运营服务能力指南》，是多年网络安全一线实战经验的总结，对提升企业网络安全建设水平，尤其是提升企业网络安全运营能力很有参考价值！

赛博英杰创始人　谭晓生

楚人有鬻盾与矛者，誉之曰：“吾盾之坚，物莫能陷也。”又誉其矛曰：“吾矛之利，于物无不陷也。”或曰：“以子之矛陷子之盾，何如？”其人弗能应也。众皆笑之。夫不可陷之盾与无不陷之矛，不可同世而立。（战国·《韩非子·难一》）

近年来网络安全攻防演练对抗，似乎也有陷入“自相矛盾”的窘态。基于“自证清白”的攻防演练目标和走向“形式合规”的落地举措构成了市场需求繁荣而商业行为“内卷”的另一面。“红蓝对抗”所面临的人才短缺、环境成本、风险管理以及对业务场景深度融合的需求都成为其中的短板，类似军事演习中的导演部，负责整个攻防对抗演习的组织、导调以及监督审计的价值和重要性呼之欲出。九维彩虹团队的《网络安全运营服务能力指南》套书，及时总结国内优秀专业安全企业基于大量客户网络安全攻防实践案例，从紫队视角出发，基于企业威胁情报、蓝队技战术以及人才培养方面给有构建可持续发展专业安全运营能力需求的甲方非常完整的框架和建设方案，是网络安全行动者和责任使命担当者秉承“君子敏于行”又勇于“言传身教 融会贯通”的学习典范。

华为云安全首席生态官　万涛（老鹰）

安全服务是一个持续的过程，安全运营最能体现“持续”的本质特征。解决思路好不好、方案设计好不好、规则策略好不好，安全运营不仅能落地实践，更能衡量效果。目标及其指标体系是有效安全运营的前提，从结果看，安全运营的目标是零事故发生；从成本和效率看，安全运营的目标是人机协作降本提效。从“开始安全”到“动态安全”，再到“时刻安全”，业务对安全运营的期望越来越高。毫无疑问，安全运营已成为当前最火的安全方向，范畴也在不断延展，由“网络安全运营”到“数据安全运营”，再到“个人信息保护运营”，既满足合法合规，又能管控风险，进而提升安全感。

这套书涵盖了九大方向，内容全面深入，为安全服务人员、安全运营人员及更多对安全运营有兴趣的人员提供了很好的思路参考与知识点沉淀。

滴滴安全负责人　王红阳

“红蓝对抗”作为对企业、组织和机构安全体系建设效果自检的重要方式和手段，近年来越来越受到甲方的重视，因此更多的甲方在人力和财力方面也投入更多以组建自己的红队和蓝队。“红蓝对抗”对外围的人更多是关注“谁更胜一筹”的结果，但对企业、组织和机构而言，如何认识“红蓝对抗”的概念、涉及的技术以及基本构成、红队和蓝队如何组建、面对的主流攻击类型，以及蓝队的“防护武器平台”等问题，都将是检验“红蓝对抗”成效的决定性因素。

这套书对以上问题做了详尽的解答，从翔实的内容和案例可以看出，这些解答是经过无数次实战检验的宝贵技术和经验积累；这对读者而言是非常有实操的借鉴价值。这是一套由安全行业第一梯队的专业人士精心编写的网络安全技战术宝典，给读者提供全面丰富而且系统化的实践指导，希望读者都能从中受益。

雾帜智能 CEO　黄　承

网络安全是一项系统的工程，需要进行安全规划、安全建设、安全管理，以及团队成员的建设与赋能，每个环节都需要有专业的技术能力，丰富的实战经验与积累。如何通过实战和模拟演练相结合，对安全缺陷跟踪与处置，进行有效完善安全运营体系运行，以应对越来越复杂的网络空间威胁，是目前网络安全面临的重要风险与挑战。

九维彩虹团队的《网络安全运营服务能力指南》套书是安恒信息安全服务团队在安全领域多年积累的理论体系和实践经验的总结和延伸，创新性地将网络安全能力从九个不同的维度，通过不同的视角分成九个团队，对网络安全专业能力进行深层次的剖析，形成网络安全工作所需要的具体化的流程、活动及行为准则。

以本人 20 多年从事网络安全一线的高级威胁监测领域及网络安全能力建设经验来看，此套书籍从九个不同维度生动地介绍网络安全运营团队实战中总结的重点案例、深入浅出讲解安全运营全过程，具有整体性、实用性、适用性等特点，是网络安全实用必备宝典。

该套书不仅适合企事业网络安全运营团队人员阅读，而且也是有志于从事网络安全从业人员的应读书籍，同时还是网络安全服务团队工作的参考指导手册。

神州网云 CEO　宋　超

“数字经济”正在推动供给侧结构性改革和经济发展质量变革、效率变革、动力变革。在数字化推进过程中，数字安全将不可避免地给数字化转型带来前所未有的挑战。2022 年国务院《政府工作报告》中明确提出，要促进数字经济发展，加强数字中国建设整体布局。然而当前国际环境日益复杂，网络安全对抗由经济利益驱使的团队对抗，上升到了国家层面软硬实力的综合对抗。

安恒安全团队在此背景下，以人才为尺度；以安全体系架构为框架；以安全技术为核心；以安全自动化、标准化和体系化为协同纽带；以安全运营平台能力为支撑力量着手撰写此套书。从网络安全能力的九大维度，融会贯通、细致周详地分享了安恒信息 15 年间积累的安全运营及实践的经验。

悉知此套书涵盖安全技术、安全服务、安全运营等知识点，又以安全实践经验作为丰容，是一本难得的“数字安全实践宝典”。一方面可作为教材为安全教育工作者、数字安全学子、安全从业人员提供系统知识、传递安全理念；另一方面也能以书中分享的经验指导安全乙方从业者、甲方用户安全建设者。与此同时，作者以长远的眼光来严肃审视国家数字安全和数字安全人才培养，亦可让国家网络空间安全、国家关键信息基础设施安全能力更上一个台阶。

安全玻璃盒【孝道科技】创始人　范丙华

网络威胁已经由过去的个人与病毒制造者之间的单打独斗，企业与黑客、黑色产业之间的有组织对抗，上升到国家与国家之间的体系化对抗；网络安全行业的发展已经从技术驱动、产品实现、方案落地迈入到体系运营阶段；用户的安全建设，从十年前以“合规”为目标解决安全有无的问题，逐步提升到以“实战”为目标解决安全体系完整、有效的问题。

通过近些年的“护网活动”，甲乙双方（指网络安全需求方和网络安全解决方案提供方）不仅打磨了实战产品，积累了攻防技战术，梳理了规范流程，同时还锻炼了一支安全队伍，在这几者当中，又以队伍的培养、建设、管理和实战最为关键，说到底，网络对抗是人和人的对抗，安全价值的呈现，三分靠产品，七分靠运营，人作为安全运营的核心要素，是安全成败的关键，如何体系化地规划、建设、管理和运营一个安全团队，已经成为甲乙双方共同关心的话题。

这套书不仅详尽介绍了安全运营团队体系的目标、职责及它们之间的协作关系，还分享了团队体系的规划建设实践，更从侧面把安全运营全生命周期及背后的支持体系进行了系统梳理和划分，值得甲方和乙方共同借鉴。

是为序，当践行。

白　日

过去 20 年，伴随着我国互联网基础设施和在线业务的飞速发展，信息网络安全领域也发生了翻天覆地的变化。“安全是组织在经营过程中不可或缺的生产要素之一”这一观点已成为公认的事实。然而网络安全行业技术独特、概念丛生、迭代频繁、细分领域众多，即使在业内也很少有人能够具备全貌的认知和理解。网络安全早已不是黑客攻击、木马病毒、0day 漏洞、应急响应等技术词汇的堆砌，也不是人力、资源和工具的简单组合，在它的背后必须有一套标准化和实战化的科学运营体系。

相较于发达国家，我国网络安全整体水平还有较大的差距。庆幸的是，范渊先生和我的老同事袁明坤先生所带领的团队在这一领域有着长期的深耕积累和丰富的实战经验，他们将这些知识通过《网络安全运营服务能力指南》这套书进行了系统化的阐述。

开卷有益，更何况这是一套业内多名安全专家共同为您打造的知识盛筵，我极力推荐。该套书从九个方面为我们带来了安全运营完整视角下的理论框架、专业知识、攻防实战、人才培养和体系运营等，无论您是安全小白还是安全专家，都值得一读。期待这套书能为我国网络安全人才的培养和全行业的综合发展贡献力量。

傅　奎

管理安全团队不是一个简单的任务，如何在纷繁复杂的安全问题面前，找到一条最适合自己组织环境的路，是每个安全从业人员都要面临的挑战。

如今的安全读物多在于关注解决某个技术问题。但解决安全问题也不仅仅是技术层面的问题。企业如果想要达到较高的安全成熟度，往往需要从架构和制度的角度深入探讨当前的问题，从而设计出更适合自身的解决方案。从管理者的角度，团队的建设往往需要依赖自身多年的从业经验，而目前的市面上，并没有类似完整详细的参考资料。

这套书的价值在于它从团队的角度，详细地阐述了把安全知识、安全工具、安全框架付诸实践，最后落实到人员的全部过程。对于早期的安全团队，这套书提供了指导性的方案，来帮助他们确定未来的计划。对于成熟的安全团队，这套书可以作为一个完整详细的知识库，从而帮助用户发现自身的不足，进而更有针对性地补齐当前的短板。对于刚进入安全行业的读者，这套书可以帮助你了解到企业安全的组织架构，帮助你深度地规划未来的职业方向。期待这套书能够为安全运营领域带来进步和发展。

Affirm 前安全主管　王亿韬

随着网络安全攻防对抗的不断升级，勒索软件等攻击愈演愈烈，用户逐渐不满足于当前市场诸多的以合规为主要目标的解决方案和产品，越来越关注注重实际对抗效果的新一代解决方案和产品。

安全运营、红蓝对抗、情报驱动、DevSecOps、处置响应等面向真正解决一线对抗问题的新技术正成为当前行业关注的热点，安全即服务、云服务、订阅式服务、网络安全保险等新的交付模式也正对此前基于软硬件为主构建的网络安全防护体系产生巨大冲击。

九维彩虹团队的《网络安全运营服务能力指南》套书由网络安全行业知名一线安全专家编写，从理论、架构到实操，完整地对当前行业关注并急需的领域进行了翔实准确的介绍，推荐大家阅读。

赛博谛听创始人　金湘宇
/NUKE

企业做安全，最终还是要对结果负责。随着安全实践的不断深入，企业安全建设，正在从单纯部署各类防护和检测软硬件设备为主要工作的“1.0 时代”，逐步走向通过安全运营提升安全有效性的“2.0 时代”。

虽然安全运营话题目前十分火热，但多数企业的安全建设负责人对安全运营的内涵和价值仍然没有清晰认知，对安全运营的目标范围和实现之路没有太多实践经历。我们对安全运营的研究不是太多了，而是太少了。目前制约安全运营发展的最大障碍有以下三点。

一是安全运营的产品与技术仍很难与企业业务和流程较好地融合。虽然围绕安全运营建设的自动化工具和流程，如 SIEM/SOC、SOAR、安全资产管理（S-CMDB），安全有效性验证等都在蓬勃发展，但目前还是没有较好的商业化工具，能够结合企业内部的流程和人员，提高安全运营效率。

二是业界对安全运营尚未形成统一的认知和完整的方法论。企业普遍缺乏对安全运营的全面理解，安全运营组织架构、工具平台、流程机制、有效性验证等落地关键点未成体系。大家思路各异，没有形成统一的安全运营标准。

三是安全运营人才的缺乏。安全运营所需要的人才，除了代码高手和“挖洞”专家；更急需的应该是既熟悉企业业务，也熟悉安全业务，同时能够熟练运用各种安全技术和产品，快速发现问题，快速解决问题，并推动企业安全改进优化的实用型人才。对这一类人才的定向培养，眼下还有很长的路要走。

这套书包含了安全运营的方方面面，像是一个经验丰富的安全专家，从各个维度提供知识、经验和建议，希望更多有志于企业安全建设和安全运营的同仁们共同讨论、共同实践、共同提高，共创安全运营的未来。

《企业安全建设指南》黄皮书作者、“君哥的体历”公众号作者　聂　君

这几年，越来越多的人明白了一个道理：网络安全的本质是人和人的对抗，因此只靠安全产品是不够的，必须有良好的运营服务，才能实现体系化的安全保障。

但是，这话说着容易，做起来就没那么容易了。安全产品看得见摸得着，功能性能指标清楚，硬件产品还能算固定资产。运营服务是什么呢？怎么算钱呢？怎么算做得好不好呢？

这套书对安全运营服务做了分解，并对每个部分的能力建设进行了详细的介绍。对于需求方，这套书能够帮助读者了解除了一般安全产品，还需要构建哪些“看不见”的能力；对于安全行业，则可以用于指导企业更加系统地打造自己的安全运营能力，为客户提供更好的服务。

就当前的环境来说，我觉得这套书的出版恰逢其时，一定会很受欢迎的。希望这套书能够促进各行各业的网络安全走向一个更加科学和健康的轨道。

360 集团首席安全官　杜跃进

总序言

网络安全的科学本质，是理解、发展和实践网络空间安全的方法。网络安全这一学科，是一个很广泛的类别，涵盖了用于保护网络空间、业务系统和数据免受破坏的技术和实践。工业界、学术界和政府机构都在创建和扩展网络安全知识。网络安全作为一门综合性学科，需要用真实的实践知识来探索和推理我们构建或部署安全体系的“方式和原因”。

有人说：“在理论上，理论和实践没有区别；在实践中，这两者是有区别的。”理论家认为实践者不了解基本面，导致采用次优的实践；而实践者认为理论家与现实世界的实践脱节。实际上，理论和实践互相印证、相辅相成、不可或缺。彩虹模型正是网络安全领域的典型实践之一，是近两年越来越被重视的话题——“安全运营”的核心要素。2020 年 RSAC 大会提出“人的要素”的主题愿景，表明再好的技术工具、平台和流程，也需要在合适的时间，通过合适的人员配备和配合，才能发挥更大的价值。

网络安全中的人为因素是重要且容易被忽视的，众多权威洞察分析报告指出，“在所有安全事件中，占据 90%发生概率的前几种事件模式的共同点是与人有直接关联的”。人在网络安全科学与实践中扮演四大类角色：其一，人作为开发人员和设计师，这涉及网络安全从业者经常提到的安全第一道防线、业务内生安全、三同步等概念；其二，人作为用户和消费者，这类人群经常会对网络安全产生不良影响，用户往往被描述为网络安全中最薄弱的环节，网络安全企业肩负着持续提升用户安全意识的责任；其三，人作为协调人和防御者，目标是保护网络、业务、数据和用户，并决定如何达到预期的目标，防御者必须对环境、工具及特定时间的安全状态了如指掌；其四，人作为积极的对手，对手可能是不可预测的、不一致的和不合理的，很难确切知道他们的身份，因为他们很容易在网上伪装和隐藏，更麻烦的是，有些强大的对手在防御者发现攻击行为之前，就已经完成或放弃了特定的攻击。

期望这套书为您打开全新的网络安全视野，并能作为网络安全实践中的参考。

范　渊

序言

随着新兴技术的快速发展，网络安全风险日益突出，安全威胁渗透于政治、经济、文化、社会、生态、国防等多领域中。面对复杂的网络安全环境，国家层面在积极不断健全和完善法律法规及相关政策，监管单位通过网络安全运营打造全方位、全天候的网络安全体系，增加网络安全动态防御能力，企业单位也在根据自身的业务发展规划，构建统一、精准、高效的网络安全运营建设。

在网络安全能力的进化过程中，网络安全厂商从管理和技术维度推进网络安全的全面发展。从单点防护走向整体防控，构筑纵深防御体系，覆盖所有保护对象；从被动防护到主动防护，防患于未然，消祸于未形；从粗放防护到精准防护，精细化管理，精细化施策；从静态防护再到动态防护，持续性监测，自动化处置。

面对日新月异的网络安全市场环境，我们看到很多网络安全厂商孜孜不倦地研究新的技术、推出新的产品和方案，尽其所长地为国家和社会的长治久安建言献策。安恒信息（杭州安恒信息技术股份有限公司）作为网络安全领域的中坚力量，一直致力于为数字中国和数字经济保驾护航。

《九维彩虹团队之网络安全运营》是这套书中的白队分册。本分册以管理者视角将组织的网络安全规划、建设、运营的全生命周期、网络安全体系进行多维度的沉淀，以通俗易懂的语言将网络安全运营的思想进行分享，在很大程度上满足了组织管理者的全局性推进组织业务安全稳定发展的需求。

白队作为网络安全彩虹架构中的运营管理者，需要具备大格局和大视野，同时需要结合多方面经验进行体系化的总结。本分册深入浅出地阐述了安全运营的主要内容，对各类组织的网络安全管理人员和安全从业者具有很强的指导价值。在不同的环境下，白队的安全运营管理思路在任何组织机构都可以发挥其通用之处，为大家提供宝贵的参考建议。

我们深知在变幻莫测的网络安全环境中，安全从业者需要用足够的精力钻研安全技术，在保护客户业务安全上面临着巨大的挑战和压力。安恒信息的安全运营团队能将实战经验进行积累，分享给大家实属不易，感谢作者们的无私付出。

立足脚下，放眼未来，网络安全道路还需要广大从业者一起乘风破浪，网络安全从业者可以通过阅读本书开启安全运营全新视野，让安全工作为企业发展发挥最大价值。

编　者

目　录

九维彩虹团队之网络安全运营

第1章 白队介绍

白队作为彩虹架构中的一种角色，与建设者、攻击者和维护者一样重要。白队管理彩虹团队中所有颜色的团队，但不是直接作为其中之一。本章将对白队这一角色进行详细的介绍，帮助读者了解白队在安全运营中所起的作用及相关概念。

1.1 安全运营概念

1.1.1 安全运营背景

目前，安全运营在业界越来越流行，主要有以下四个层次的原因。

第一层次的原因是所面临的环境，即国内外的网络安全形势，迫使业界继续对安全工作进行进一步的迭代。

第二层次的原因是强化政策法规驱动的合规管控要求。通常，《信息安全技术网络安全等级保护基本要求》（简称“等级保护 2.0 标准”）中“一个中心，三重防御”，其中“一个中心”是指安全管理中心，基于安全运营的安全管理中心是其本质。

第三层次的原因是市场走势。随着信息技术的不断发展，城市信息化应用水平不断提高，智慧城市建设应运而生。建设智慧城市对于实现城市可持续发展、引领信息技术应用、提高城市综合竞争力具有重要意义。安全运营中心在智能城市中扮演着重要的角色，专业安全运营公司负责平台建设、人才输出、培训和运营。

第四层次的原因是常态化对抗下安全能力不足的现实问题。2007 年以来，以合规为导向的安全建设进入了一个新阶段。各单位普遍开展了安全建设，购置了大量的安全设备，增加了安全岗位，甚至成立了安全保卫部。然而，由于各种因素的影响，专业人才的缺乏和专业技能的缺乏仍是各单位的痛点。近年来开展的红蓝对抗和高强度实战演练，暴露了运营商的核心安全能力，其人员、装备、流程、机制不能有机结合。我们要充分地认识到良好的安全操作能发挥工具和设备的最大价值，这样才能充分保证安全系统的高效运行。

1.1.1.1 国内外安全形势

首先，回顾一下 2019 年国内外发生的灾难性的信息泄露、网络攻击等案例。

1. 维多利亚州政府 3 万名雇员的个人信息泄露

据美国广播公司 2019 年 1 月 1 日报道，在未知政党下载了一些维多利亚州政府目录后，3 万名维多利亚州公务员的工作细节被盗。此政府雇员目录包含工作电子邮件、职务和工作电话号码。受数据泄露影响的员工通过电子邮件得知，通信簿中员工的电话号码可能已经泄露。工作人员被告知，数据泄露并不影响其个人银行和金融信息。总理府表示，已将泄密事件移交警方、澳大利亚网络安全中心和维多利亚州信息专员办公室调查。新闻部发言人表示，“为防止再次发生此类数据泄露事件，政府将妥善处理所有调查”。

2. 万豪酒店5亿客户的数据泄露

酒店连锁巨头万豪国际酒店集团表示，旗下喜达屋酒店的客房预订数据库遭黑客入侵，经过取证和分析团队的仔细调查，发现其大数据泄露事件影响的客户数量已从5亿减至3.83亿，其中包括500多万个未加密的护照号和大约860万个加密信用卡号被盗。尽管万豪集团披露的最新数据低于此前数据，但这一事件仍然是历史上最大的个人数据泄露事件之一。万豪表示，喜达屋自2014年以来一直受到黑客攻击。万豪表示，如果受影响的客人证明自己是数据泄露的受害者，他们将支付新护照的费用，这可能会使万豪损失5.77亿美元。

3. 超过10个iOS应用程序感染了安全恶意软件

北京时间2019年1月6日消息称，安全研究人员表示，他们已经发现10多个iPhone应用程序秘密向服务器传输与恶意软件Golduck相关的数据。Golduck于两年多前被发现。当时，Appthority公司发现Golduck会感染Google Play中的经典游戏，它在游戏中嵌入后门代码，并使恶意代码秘密感染设备。当时，这些恶意代码已感染了超过1000万名用户，并允许黑客以最高权限运行恶意命令，如在用户手机上发送付费短信牟利。研究人员说，与Golduck通信的iPhone应用程序也面临风险。

4. 德国IT安全局回应数百名政客的私人信息泄露

根据美联社2019年1月6日的报道，德国信息技术安全局1月5日对数百名政客的私人信息泄露做出回应，此前立法者指责该局未能及时通知他们。德国信息技术安全局承认，2018年12月初，一名立法者曾就其私人电子邮件和社交媒体账户上的可疑活动与该局联系，但该局认为，他的经历是当时的一次意外。多达1000名德国政界人士和名人的私人信息被泄露，其中包括个人地址、手机号码、聊天记录和信用卡号码。德国信息技术安全局仍在调查是谁盗取并公布了这些信息，泄露这些信息的人不包括极右翼政党德国新选择党的成员。

5. TLS 1.2协议漏洞，近3000个网站受到影响

据雷锋网2019年2月12日报道，Citrix公司在TLS 1.2协议中发现了一个漏洞，该漏洞使得攻击者能够滥用Citrix的交付控制器（ADC）网络设备来解密TLS流量。Tripwire漏洞挖掘研究小组的计算机安全研究员Craig Yang说：“TLS 1.2中存在漏洞的主要原因是它继续支持一种过时已久的加密方法：密码块链接（Cipher Block Chaining，CBC）。”该漏洞允许类似于SSL POODLE的攻击。此外，该漏洞允许中间人攻击（称为“MITM攻击”）加密用户的Web和VPN会话。

6. 印度国有天然气公司再次泄露数百万客户的敏感信息

据国外媒体报道，由于网络安全措施不到位，印度国有天然气公司（Indane公司）再次泄露了数以百万计的Aadhaar生物特征数据库信息。问题出在，Indane的网站为分销

商和渠道商提供服务，而其中的一些内容已经被谷歌编入索引，因此每个人都可以绕过登录页面获得访问权限。

7. 俄罗斯 50 多家大公司遭不明攻击者勒索

2019 年 3 月 2 日，Rostelecom-Solar 的网络安全专家记录了对俄罗斯公司的大规模网络攻击。这次攻击使用物联网设备，特别是路由器，通过伪装为 50 多家知名公司（如 Auchan、Magnet、Slavnyov）发送钓鱼电子邮件，借助勒索软件对公司人员进行攻击。追踪被黑客攻击的网络设备比服务器要困难得多，使用物联网设备的攻击对入侵者来说更简单、更安全。专家说，任何可以发送电子邮件的设备，如调制解调器、路由器、网络存储、智能家居生态系统和其他小工具，都可以用于网络钓鱼攻击。

8. 伊朗黑客组织攻击澳大利亚议会和英国议会

2019 年 3 月 2 日，总部位于洛杉矶的网络安全公司 Resecurity 表示，2019 年 2 月初，澳大利亚议会的网络攻击是伊朗黑客组织铱星“多年网络间谍行动”的一部分，且 2017 年对英国议会的网络攻击也是该组织进行的。此外，该组织还针对澳大利亚、加拿大、新西兰、英国和美国的政府、外交和军事组织进行网络攻击。在这两起事件中，黑客使用暴力攻击从立法者那里获取个人数据，窃取了包括议会成员的姓名、电子邮件和出生日期在内的千条记录。据研究人员称，黑客集团真正的目的是“战略信息搜集”。

9. 英特尔 CPU 再现高风险漏洞，并被正式确认泄露私人数据

北京时间 2019 年 3 月 6 日消息，美国伍斯特理工学院的研究人员在英特尔处理器中发现了扰流器（Spoiler）的高风险漏洞。与之前发现的 Spectre 类似，Spoiler 会泄露用户的私人数据。虽然 Spoiler 也依赖于预测执行技术，但是现有的解决方案对修复 Spoiler 的漏洞没有任何作用。对于英特尔及其客户来说，Spoiler 的出现并不是一个好消息。研究论文明确指出，“Spoiler 不是 Spectre 攻击，Spoiler 的根本原因是英特尔内存子系统实现中地址预测技术的缺陷。现有的 Spectre 补丁对 Spoiler 无效”。

面对日益严峻的网络空间安全威胁，美国、德国、英国、法国等世界主要发达国家纷纷发布国家网络安全战略，明确了网络空间的战略地位，并提出将采取外交、军事、经济等政策及保障网络空间安全的各种手段。2011 年 4 月，美国发布了《网络空间可信身份国家战略》，首次将网络空间的身份管理提升到国家战略的高度，并着手构建网络身份生态系统。这一战略的出台表明，美国高度认识到网络身份安全在确保网络空间安全中的重要战略地位。从各国战略规划的内容来看，一方面，政府希望通过制定顶层安全战略来引导本国安全产业的发展；另一方面，网络空间保护也逐渐上升到了与传统的领土防卫相同的地位。网络安全部队将加快发展军事信息安全攻防，积极应对未来可能发生的网络战争。严峻的网络安全形势正推动着安全市场的快速发展。2016 年，全球安全产业规模达到 928 亿美元，比 2015 年增长 8.2%。数字企业的多个要素正日益推动全球对信息安全的关注，特别是云计算、移动计算和物联网，而复杂且影响重大的目标攻击也发挥了推动作用。

长期以来，我国网络安全的核心技术一直被其他国家所控制。在网络攻防技术飞速发展的今天，我国应对网络安全威胁的能力与发达国家相比仍处于劣势。首先是信息技术安全监控能力不强。我国对进口网络信息技术和产品的监测与分析主要基于合规性评价，很少涉及软件核心技术。其次是大规模协同漏洞分析评估能力较低，产品安全漏洞

和“后门”难以发现，大数据分析、可信云计算、安全智能联动等技术力量不足，使新兴信息技术产品的安全监控难以应对。最后是网络攻击缺乏可追踪性。目前，我国对海量网络数据缺乏有效的分析方法，对 APT 等新的安全威胁的监测技术还不成熟。即使检测到此类威胁，也会由于缺乏回溯方法而很难找到攻击源。

此外，我国的网络可信身份生态建设仍需加强。

一是网络可信身份系统建设没有顶层设计，总体规划布局不明确。我国没有明确将网络身份管理纳入国家安全战略，也没有形成推进网络可信身份体系建设的总体框架和具体路径。

二是基于身份资源没有得到广泛的互联互通，重复建设基础设施的现象严重。由于缺乏战略设计和总体规划，我国网络可信身份基础设施共享合作相对滞后，导致基础可信身份资源库尚未实现广泛的互操作和共享，使得数据验证成本越来越高，而效率越来越低。

三是认证技术发展滞后，不能满足新兴技术和应用的要求。云计算、大数据、移动互联网、工业互联网等新一代信息技术不断涌现。在新兴技术和应用环境中，传统技术和应用在数据传输、存储与处理方面存在重大差异。现有的认证技术、手段和机制还不足以支持新技术和新应用的发展。因此，迫切需要开展有针对性的研究，尽快制定国家网络身份可信战略，打造可信的网络空间。

1.1.1.2 政策法规

2012 年，党的十八大报告中强调，要高度关注网络空间安全，并将网络空间安全、海洋安全、太空安全置于同一战略高度。2013 年，党的十八届三中全会也再次指出，加大依法管理网络力度，加快完善互联网管理领导体制，确保国家网络和信息安全。2015 年 7 月，全国人民代表大会常务委员会通过了《中华人民共和国国家安全法》，并于 2015 年 7 月 1 日开始实施，首次将网络空间正式上升为我国继陆、海、空、天后的第五疆域。2015 年 10 月，《中共中央关于制定国民经济和社会发展第十三个五年规划的建议》指出，实施网络强国战略，加快构建高速、移动、安全、泛在的新一代信息基础设施。

2016 年 11 月，全国人大常委会通过了《中华人民共和国网络安全法》，该法于 2017 年 6 月 1 日起正式施行，并建议“国家采取措施，监测、防御、处置来源于中华人民共和国境内外的网络安全风险和威胁，保护关键信息基础设施免受攻击、入侵、干扰和破坏，依法惩治网络违法犯罪活动，维护网络空间安全和秩序”。它强调了金融、能源、交通、电子政务等行业网络安全等级保障体系的建设。

我国最近执行的重要政策是供给侧结构性改革。供给侧结构性改革旨在调整经济结构，实现要素的优化配置，提高经济增长的质量和数量。行业对安全运行的重视，与供给侧结构性改革类似，通过调整安全工作重点，充分优化安全要素配置，大幅提升安全能力，在常态化对抗中赢得先机。《中华人民共和国网络安全法》明确提出了安全监测和处置要求，这是安全运营的重要组成部分。安全运营是企业做好网络安全工作的重要出发点，特别是等级保护 2.0 标准所要求的安全管理中心，表明安全运营管理也是一个明确的合规要求。

1.1.1.3 市场规划

智慧城市是在城市各行业中运用新一代信息技术，基于知识社会形成的下一代创新型城市信息化的高级形式。智慧城市有助于实现信息化、工业化、城市化的深度融合，有利于缓解“大城市病”，提高城市化质量，实现精细化、动态化管理，提高城市管理效能，提高市民生活质量。

2010 年，IBM 正式提出“智慧城市”愿景，希望为世界和中国城市的发展贡献自己的力量。根据 IBM 的研究，城市由与城市主要功能相关的六个不同类型网络、基础设施和环境核心系统组成，其中包括：组织（人员）、商业/政府、交通、通信、水和能源。这些系统不是分散的，而是以协作的方式相互连接的。城市本身就是由这些系统组成的宏观系统。

安全运营中心将为智慧城市提供帮助，集中承载政府和企业网络安全服务，为客户提供有效的整体安全服务。安全运营中心具有 7×24 小时的安全监控、智能感知、响应处置和运营管理能力，在城市间的区域安全运营中心建立横向联动机制。同时，结合安全咨询制定运营中心应急响应体系，有效提高防范网络安全事件的能力，确保政府机关和企业信息系统正常、可持续运行。

1.1.1.4 用户需求

随着我国网络安全防护措施的不断完善，网络安全防护水平进一步提高。然而，与信息技术创新和发展相关的安全威胁与传统安全问题交织在一起，使得网络空间安全问题日益复杂和隐蔽。我们所面临的网络安全风险越来越大，各类网络攻击事件层出不穷。国家互联网应急中心在 2019 年上半年我国互联网网络安全态势报告中称，我国移动互联网恶意程序数量持续快速增长，营利明显；针对境外网站的攻击事件在我国频繁发生；互联智能设备被恶意控制并用于发起大流量分布式拒绝服务攻击现象更加严重；网站数据和个人信息泄露造成的危害不断扩大；欺诈勒索软件在互联网上肆虐；具有国家背景的黑客组织发起的 APT 攻击直接威胁国家的安全稳定。

面对日益复杂的网络环境和无休止的网络攻击，对海量数据分析、主动安全防御、便捷高效的安全工作的需求日益增加，安全操作市场逐渐增多，现有的安全产品本身已不能满足现代的保护需求。现有的安全产品主要存在效率低、不专业、成本高三个方面的问题。

（1）效率低。目前，各种安全产品被用来检测网络上的攻击威胁，以维护网络的安全运行。然而，这些安全方法一般只能在一定范围内发挥特定的作用，缺乏有效的数据融合和协同管理机制。面对大量零散的信息，用户无法快速、全面、直观地了解系统的安全漏洞、整体攻击状态及安全防护效果。另外，随着攻击手段的不断变化，一些先进的攻击手段目前高度隐蔽，很难通过单独的安全产品进行检测和防护。这就需要对用户网络中的所有安全事件信息、威胁信息和相关数据进行汇总，结合知识库和网络智能数据库，快速准确地发现网络异常和高级威胁。同时，通过通知用户或与网络中的安全设备互操作，达到智能检测和防范高级威胁的目的。

（2）不专业。随着我国信息产业和网络技术的不断发展，网络安全服务市场发展速度加快。传统的网络信息安全产品很难适应日新月异、复杂多变的网络空间。新形势下，产品与服务的联系更加紧密，安全服务正逐步从产品配套的角色发生转变，成为安全产品实现最佳性能的必要条件。安全保卫工作必须有专业的运营分析团队支持，提供持续的分析和服务。2017 年，我国网络安全领域面临的人才缺口已达 70 万人，缺口率达 95%。到 2020 年，这一数字将增至 140 万人。

（3）成本高。许多企业存在重复规划建设、向多家厂家采购产品和服务、管理成本增加、分析转化成本增加、售后问题未解决、沟通成本高等问题。要通过统一的安全管理框架对各种系统、应用、设备、安全产品实施集中管理和监控，提高分析转化效率，在安全产品和安全服务一体化管理的基础上降低管理成本，解决售后多接口、多通信的成本问题。

1.1.2 安全运营的定义

接下来将从下面几个问题逐步明确安全运营的定义。

问题一：什么是运营？

管理学中对运营的定义：“运营就是对运营过程的计划、组织、实施和控制，是与产品生产和服务创造密切相关的各项管理工作的总称。”企业为了达到自身的经营目的，对技术、财务会计、市场营销、生产运营、人力资源管理五大职能进行统筹管理，这种管理就是运营。总体来说，运营就是以目的为导向的统筹管理。

问题二：什么是安全运营？

一般来说，安全运营被定义为以资产为核心，以安全事件管理为关键流程，采用安全域划分的思想，建立一套实时的资产风险模型，协助管理员进行事件分析、风险分析、预警管理和应急响应处理的集中安全管理系统。

以运营的概念为基础，安全运营是以用户网络的最终安全为目的，实现运营过程的统筹管理。本质上，安全运营是一个技术、流程和人有机结合的复杂的系统工程，包含产品、服务、运维、研发等，通过对已有的安全工具、安全服务产出的数据进行有效的分析，持续输出价值，解决安全风险，从而实现安全的最终目标。其模式是用“服务模式”开展合作，以“安全能力”进行赋能，以“安全数据”提供决策，以“运营能力”作为交付，通过该运营模式来发现问题、验证问题、分析问题、响应处置、解决问题并持续迭代优化。

1.2 白队概念

白队对人的综合素质要求非常高，需要了解技术、熟悉项目、知晓产品、精通输出，甚至还要懂得品牌与生态运营，涵盖了安全领域的各个方面。了解技术，不仅包括对技术本身的了解，如主要应用领域、最佳实践、未来发展方向，还需要了解某项技术中最强的企业、最强的人；熟悉项目，需了解项目的流程、各阶段的模板、依据的规范、各阶段的难点及如何推动；知晓产品，需了解产品的应用领域、能解决什么问题、优势和劣势及用户反馈；精通输出，可以将安全技术通过项目或产品输出到其他部门或行业，解决具体的企业问题和行业痛点，将能力变现，促进安全生态链发展；品牌与生态运营，能够建立企业自己的安全品牌，对应各类安全公关事件，并积极运营安全生态，维护社区、挖掘人才，和大家互利共赢。白队的工作职责大致可以分为以下几个方向。

整合：安全工作不只是一个企业内部的工作，安全工作覆盖整个行业，依赖于各类安全企业、安全机构共同交流合作，共同探讨技术和解决方案，互利共生，共同发展。而安全运营在其中起到了决定性作用，优秀的安全运营将成为各企业坚韧的纽带，从提出新颖的想法，到通过独特的形式在适合的时间将各企业联合在一起，做出影响整个行业也有利于本企业的安全大事。

管理：包括对人、项目、技术、产品等各类资源的管理，梳理和制定标准流程与规范，组织团队，制定计划并监督进展。对于项目、技术、产品这类资源的管理首先在于制定标准流程和模板，通过安全运营平台实现线下能力线上化，提高工作效率及安全工作可视化，并且通过统一的平台实现知识共享；其次在于评价体系的建立，基于平台搜集各相关方对项目、计划、产品的评价，协助各负责人、产品经理优化项目或产品。人力资源的管理包括人力资本与人本管理、工作分析、人力资源规划、员工招聘、员工培训与开发、运营绩效考评、薪酬管理。

建立安全知识体系：实现知识的量化和质化，建立知识管理体系、制定知识管理制度、构建知识管理考评体系，建立企业知识库，让企业中的知识与情报通过记录、整合、分享、更新、创造等过程，不断地回馈到知识库内形成企业安全知识库，主要通过知识积累使知识在企业组织中成为管理与应用的智慧资本，协助企业决策。

安全合规：安全运营需要依据国家相关法律法规，结合企业所处的行业位置及企业性质，建立企业自身的安全合规机制，促使安全合规趋向规范化和标准化，协助企业规范化工作，配合公安部、工业和信息化部、互联网信息部等国家机关和其他国家单位的国家检查。在信息安全合规项目实施和检查过程中，在项目范围、时间、成本“三重约束”下，在满足信息安全合规要求的同时综合权衡多个决策目标，制定最理想的安全方案，实施安全工程是实施此类项目管理所追求的目标。

安全品牌、安全生态运营：安全品牌是企业宝贵的无形资产和经营资源，也是企业在激烈的市场竞争中的制胜法宝，企业不仅需要通过核心产品和技术形成自身的竞争优势，也需要不断地保持品牌自身的竞争优势，在取得市场占有率的同时能为消费者提供标准，使其产品在市场上与同类产品有差异化优势。专业的白队能够帮助企业建立自己的安全品牌，并在企业发生重大与重要事件时，做好相应的公关宣传工作，并且积极运营安全生态。安全生态也是一个生态圈，其核心是人。人的力量是无限的、是动态的。每个人的潜力都不可低估。因此，关注安全生态系统关乎人的动态发展，而关注人则是通过挖掘和管理每个人的潜在力量来帮助公司实现自身安全。通过对安全生态系统成员画像进行分析，挖掘出不同层次的可用资源。

白队包含所有颜色，是彩虹架构中的运营者，在IT全生命周期中负责整合和运营，构建安全运营体系、安全知识体系，融合、增强安全能力，实现安全的共同目标。安全运营介于管理层的管理人员和技术层的技术人员之间，需要同时拥有管理层的大局意识和技术人员的逻辑思维，为两者进行翻译。首先，白队贯穿于各队工作的始终，起到指引整体方向的作用，整合和管理技术资源、产品资源、人力资源、项目资源，沟通协调各队工作，将资源的利用率达到最高，从而把控和监督各类安全工作的整体质量；其次，白队基于国家相关法律法规，建立企业自身的合规机制，实现安全合规的规范化和标准化；最后，白队应对各类公关事件，协助企业的管理者建立自身安全品牌。

第 2 章　白队任务清单

2.1　安全运营体系建设

当前的网络安全现状使网络安全运营面临安全基础能力成熟度不够成熟、安全工作目标不清晰、安全运营工具建设难度大，以及安全运营人员人才不足等一系列问题。网络安全运营的建设需要从多视角管理，在安全运营体系建设方面，从服务、管理和技术三方面来规划。

（1）网络安全运营服务体系包含安全合规及监管服务、等级保护测评及风险评估、合规性检查和指导。安全合规及监管服务需满足安全标准建设的要求，明确安全管理要求、安全技术标准和安全运营标准；等级保护测评及风险评估需要执行的工作内容包含等级保护测评、风险评估、合规整改；合规性检查和指导过程中确保进行合规检查和监督指导。

安全运营服务包含安全基线评估加固、运维管理和安全审计、系统上线安全检查、安全事件分析、重点时期攻防演练、安全应急响应处置、互联网资产发现、全流量风险分析、应用失陷检测、安全事件及态势监测、安全策略优化服务、安全产品运行服务、威胁情报预警、漏洞生命周期管理、重点时期安全检查、重大事件安全通告。

（2）安全运营管理体系需要明确关键定义，再根据组织现状确定管理组织架构，确保满足组织网络安全运营机制可顺利流转。

（3）安全运营技术体系建设针对视图层、功能层、数据层和基础层进行体系化建设。视图层包含安全可视化、资产态势、脆弱性安全态势、数据安全态势、安全事件态势、攻击态势、安全防护态势和威胁态势。在功能层需要对资产、漏洞、基线、知识库、策略、事件及安全编排进行管理。数据层是对数据源、数据接入、数据处理、数据治理、数据服务进行管理。基础层围绕物联网安全技术体系、云计算环境安全技术体系、大数据安全技术体系、应用系统安全技术体系和安全态势感知技术体系规划建设。

2.2　安全合规管理

合规管理就是在一个相对明确的法规、制度和要求下，为达到标准而进行的一系列活动的集合。根据行业地位和企业性质，在国家相关法律法规的指导下，建立自身的合规机制，熟悉安全标准和等级保护 2.0 标准，协助企业规范化工作，配合公安部、工业和信息化部、互联网信息部等国家机关和其他国家单位的国家检查。

安全合规管理体系

安全合规管理体系中 GRC（Governance, Risk and Compliance）理念尤为重要。GRC 即公司治理、风险管理和合规审查。它以企业的各种经营活动为基础，以战略为中心，以流程为管理基础，通过绩效管理和风险内控管理措施，对各项业务管理流程进行管理和控制，确保战略与业务目标的管理方法和工具的统一。

为了有效解决当前安全合规管理面临的问题和挑战，未来的合规平台将通过系统管理、安全矩阵管理、执行管理、合规检查、合规风险评估等功能模块实施和支持安全合规、监督生命周期过程管理。

国际上广泛接受和应用的信息安全管理体系认证标准有 ISO 27001、ISO 20000、CSA-STAR。这些认证标准以风险管理为核心，通过定期评估风险和相应的控制措施，有效保证了组织信息安全管理体系的持续运行。

2.3 资产管理

在公司财务中，资产管理是确保公司的有形资产和无形资产得到维护、核算与管理的过程。其中资产信息与人力、物力、财力和场地等资源相结合，通过有效的管理可以实现高效的资产管理和企业运营。

资产管理有时被称为库存管理，因为它通常涉及搜集详细的硬件和软件库存信息，然后用于决定购买和如何使用资产。拥有准确的资产库存有助于公司更有效地使用资产，并通过重用现有资源避免不必要的资产购买。资产管理还能够使组织降低在过时基础设施的基础上构建新项目的风险成本。

目前，网络中存在离线资产仍在线运行、未办理管理手续就上线、擅自改变资产用途、存在各种安全问题等情况。这会成为企业网络安全的缺陷和恶意入侵的主要目标。精确的资产安全信息管理和控制是信息安全的基础。因此，有必要对资产安全信息进行生命周期管理，对存在安全隐患的系统或组件进行定位。

资产安全信息管理主要包括可生存性和安全指纹信息管理。根据网络服务的具体需求，对指定扫描范围内的所有 IP 地址进行周期性的生存检测，找到生存资产，然后获取生存资产的指纹信息。将获取的资产指纹信息与历史资产快照进行对比，查看资产指纹信息是否发生变化，并全面分析资产的安全基线和漏洞。

如果没有坚实的计划和精简的流程，就很难从一个地方跟踪和管理所有的硬件资产、软件资产、虚拟资产和非 IT 资产。资产管理流程的实现可以帮助公司减少额外的维护成本，优化使用许可证，减少未使用的资产数量和安全风险，为审计做好准备，提高其他 ITIL 流程的效率，使其有效地为采购做决定，制定精确的预算。

总的来说，资产管理可以带给企业的益处有：发现、管理和跟踪所有硬件资产；映射与 CMDB 的资产关系；管理软件资产，确保软件的标准符合性；跟踪 IT 资产购买合同。

上面讨论的资产管理最佳实践，涵盖了资产管理流程的大部分内容，从检测资产到将资产管理与其他 ITIL 流程集成到持续改进的资产管理。企业需要注意那些独特的优势和一些工具提供的开箱即用的特性，以便在商业竞争中获得优势。

2.4 项目管理

管理者通过专业的知识、技能和工具方案，对项目在一定的资源条件下进行管理叫作项目管理。项目管理需要将时间、成本和范围三个制约因素贯彻到企业管理过程中，可以对非项目或准项目进行管理，甚至企业的日常工作同样可以以项目的方式进行。在网络安全行业，项目管理的作用尤为突出，项目对于网络安全企业而言具有巨大的推动力，重大项目的完成不仅可以帮助企业获得利润收益，也能为企业塑造良好的品牌形象，是企业的无形资产。通过项目管理，网络安全企业的技术员工可以获得自身价值的提升。

网络安全企业通过项目管理可以提升项目本身的经济效益，完善的项目体系可以增强客户对企业的满意度，同时在项目管理过程中，可以帮助项目组成员加强综合素质，从而提升企业的整体实力和竞争力。

网络安全企业构建项目管理体系需要明确项目目标，制定项目管理方法，制定项目管理计划，确认项目管理组织结构、项目实施具体安排、项目文档的管理和项目实施进度计划，制定项目绩效考核。在项目管理过程中需要以项目经理为核心，进行全面深入的有效沟通，这样才能确保项目顺利进行。

在网络安全项目管理过程中，因企业运作流程、成本及人员等原因，在项目流程、项目管理备件支持、人员支持，包括项目的管理理念等方面都容易产生问题，所以在建立项目管理体系时，从公司高层的管理观念、内部组织结构、硬件环境、执行流程到人员的培训上都需要严格按照项目管理来进行。

网络安全产业发展迅猛，激烈的国内外市场竞争需要企业从战略高度意识到项目管理的重要性，不断地发展和完善项目管理在企业中的重要作用。通过项目管理促进网络安全企业不断创新，节省企业资源，激发企业员工的能力。

结合网络安全企业的发展现状，建立适合企业战略和业务框架的管理信息系统，逐渐实现项目管理的成熟度，增加项目管理培训，培养项目管理团队文化，将项目管理的理念深刻地贯彻到企业的经营管理理念中。

2.5 人力资源管理

数字经济迅速发展的今天，国际竞争日益激烈，在各种资源竞争中，人力资源是至关重要的资源之一，尤其在知识型的网络安全产业中，需要不断地培养、吸引人才和开发人力资源。因此，增强人才核心竞争力是各企业发展过程中的重要驱动力。

人力资源是能够推动国家经济发展和社会发展的具有劳动能力的人口的总和，企业人力资源即可以推动整个企业发展的所有在岗员工的总体。人力资源由数量和质量构成，人力资源具有能动性、时效性、再生性和社会性的特点。人力资源管理的基本内容包含人力资源规划、工作分析、员工招聘、员工培训和开发、员工使用和人才管理、绩效考评、薪酬管理、员工激励、劳动关系和企业文化建设。

企业战略决定人力资源规划，战略目标的实现也需要依赖于人力资源规划。人力资源规划目标需要实现在企业合适的岗位上有合适的人选，确认在组织目标和个人目标一致的情况下实现人力资源的供给需求平衡，最大限度地发挥人力资源潜力，同时通过分析组织在环境变化中的资源需求，制定相应的对策以满足目标的实现。

在人力资源管理工作中，直线经理的日常工作会涉及部门员工的业绩评价、加薪、举荐等与人力资源相关的工作。在直线部门和人力资源部门的权责划分中，直线管理人员需要对人力资源管理做出决策，人力资源部门在这个过程中的职责是协助和建议，负责招聘、雇用和薪酬等方面的工作，帮助直线经理实现人力资源管理的需求。

员工的培训和开发对组织实现目标非常关键，在网络安全领域更是如此。在完整的网络安全运营培养体系中，技能培训分为初级、中级和高级三个层次，初入网络安全行业的技术人员可以参加初级技能培训，中级技能培训的主要参加群体是中级工程师，高级技能培训的主要参加群体是研究院专家水平的安全工程师。

对应网络安全运营团队培养体系，在培养的方向上也是按照工作内容和职责划分为七个方向，这样可以帮助企业员工快速找准个人定位及发展方向，激发员工的潜能，为员工晋升和绩效管理提供依据，同时可以提升企业在网络安全行业的市场竞争力。

2.6 安全事件管理

随着新兴技术的不断发展，未知的威胁也不断出现，传统的网络安全产品和解决方案难以抵抗未知的网络攻击。在海量的安全事件中，通过一定的流程对各种安全事件进行挖掘和关联，真正解决信息安全事件需要解决的问题是国内外网络安全领域持续关注的热点问题。

信息安全事件管理的目标是组织信息安全战略的重要组成部分，信息安全事件的管理需要通过结构严谨、规划周全的方式对信息安全事件进行全方位的把控，主要目的在于确保信息安全事态能够被及时发现，并得到有效的处理，确认发生的安全事件属于信息安全事件；对已经发生的信息安全事件进行评估，以及时且合理的方式对事件做出相应处理；通过合理的安全防护措施，结合业务连续性计划的相关因素，将信息安全事件对企业的业务运行产生的负面影响降至最低；当信息安全事件结束时，需要及时对事件进行复盘，预防未来类似的事件再次发生，同时需要完善信息安全事件管理方案。总体而言，对信息安全事件进行整合和关联，对安全风险进行动态呈现，对安全事故进行及时响应是信息安全事件管理的目标。

信息安全事件分为有害程序事件、网络攻击事件、信息破坏事件、信息内容安全事件、设备实施故障和灾害性事件，不属于这个范围的信息安全事件概括为其他信息安全事件。

信息安全事件管理包含规划和准备、使用、评审、改进四个阶段。在规划和准备阶段需要制定信息安全事件管理策略，制定信息安全事件管理方案，对公司级系统、服务、网络安全进行风险分析和管理，及时更新策略，建立应急响应小组，发布信息安全事件管理意识简报，并定期开展培训，测试信息安全事件管理方案。在使用阶段需要检测并报告信息安全的事件状态，评估并确定事件是否属于信息安全事件，对信息安全事件做出及时响应，包括进行法律取证分析。在评审阶段需要进一步进行法律取证，总结经验教训，改善信息安全事件管理方案。在改进阶段需要对安全风险分析和管理评审结果、信息安全事件管理的方案进行改进。

信息安全事件管理可以帮助组织提高安全保障水平，降低对业务的负面影响，着重预防信息安全事件，强化调查的优先顺序和证据，有利于预算和资源的合理利用，改进风险分析和管理评审结果的更新，增强组织的信息安全意识，完善信息安全培训的计划材料，为信息安全策略及相关文件的评审提供评审信息。

信息安全事件的管理和审核需要组织内部员工的广泛参与，需要增强员工的信息安全意识。组织应该在信息安全事件管理方案中将关键问题阐述清楚，如管理层的承诺、安全意识、法律法规、运行效率和质量、保证匿名性和保密性、保证可信运行和系统化分类。

信息安全事件管理方案不仅在于和 IT 技术安全相互补充的信息安全管理措施，同时也需要和 IT 技术安全相互支撑。建立完善的管理制度、健全的运营制度，加大对信息安全事件的管理，也将有利于提升国家的网络实力，有利于完善国家的法律法规，增强个人信息安全。

2.7 情报管理

在网络安全领域，IP 地址或域名是数据。若没有任何额外的分析来提供上下文，它们只是一个事实。在搜集和关联各种数据之后，它们有能力洞察某一需求时，便成为情报。

数据和情报的区别在于分析。为了回答问题，分析需要基于一组要求。未经分析，安全行业产生的大部分数据仍然只是数据。然而，同样的数据，一旦按需进行正确分析，就成了情报，因为它包含了回答问题和支持决策所需的一切。IOC 在一定程度上被认为是威胁情报的同义词。与 IOC 相关的搜索和发现过程是信息安全委员会与 IT 组织计算机安全专业人员职责的主要组成部分。IOC 是唯一的数据伪影或签名，它们与安全威胁的存在或应解决的网络入侵密切相关。

模型通常用于构建分析和处理的信息。此外，在智能生成过程中还使用了一些模型。接下来介绍的这两个情报模型主要用来有效地产生和采取行动。第一个是 OODA 循环，可以用来快速做出对时间敏感的决策；第二个是情报周期，可以用来生成更正式的情报产品，用于各种目的，如情报报告策略或情报规划。情报周期是一种普遍的模式，该模式下各种规模的问题都可以得到解答。然而，需要注意的是，上述步骤并不能自动生成良好的情报。

情报的质量主要取决于两个方面，即来源和分析。在网络威胁情报中，由于情报官员不搜集自己的数据，很多时候数据无法处理，因此了解这些信息对情报官员至关重要。目前，正在研究的情报模型主要关注通过某种分析管道的信息逻辑流，与事件分析一样，这种方法并不是建模信息的唯一方法。情报官员可以在不同层次上思考抽象的情报概念，从高度具体的战术级到作战支援的作业级再到非常通用的战略级。

2.8 风险管理

信息安全风险评估是指根据相关的信息安全技术和管理标准，对信息系统和由其处理、传输及存储的信息的保密性、完整性、可用性等安全属性进行评估的过程。它要评估资产面临的威胁，以及威胁利用脆弱性导致安全事件的可能性，并结合安全事件所涉及的资产价值判断安全事件发生对组织造成的影响。

风险管理需要确认的有风险评估框架及流程、风险评估实施、信息系统生命周期各阶段的风险评估及风险评估的工作形式。在风险评估框架和流程中需要确认的有风险要素关系、风险分析原理、实施流程；在风险评估实施过程中需要执行风险评估准备、资产识别、威胁识别、脆弱性识别、已有安全措施的确认、风险分析及风险评估文档记录；在信息系统生命周期各阶段的风险评估中包含信息系统生命周期概述、规划阶段、设计阶段、实施阶段、运行维护阶段及废弃阶段的风险评估。风险评估有自评估和检查评估两种工作形式。

在风险评估实施前需要确定风险评估的目标和范围、组建合适的评估管理和实施团队、进行系统调研、确定评估的依据和方法。

资产识别、威胁识别、脆弱性识别是风险评估中的重要步骤。资产评估阶段是风险评估中的重要因素，包含计算机硬件、通信设施、建筑物、数据库、文档信息和软件；资产赋值分为保密性赋值、完整性赋值、可用性赋值。安全威胁是导致安全事故和信息资产损失的活动、可能对资产或组织造成意外事件的潜在原因。通过威胁评估手段，一方面可以了解组织信息安全的环境，另一方面也能对安全威胁进行半定量赋值。脆弱性识别是以资产为核心，主要从技术和管理两个方面进行，技术脆弱性和物理层、网络层、系统层、应用层有关；管理的脆弱性需要分为技术管理脆弱性和组织管理脆弱性两个方面。

在完成资产识别、威胁识别、脆弱性识别后，需要以恰当的方法确定威胁利用脆弱性导致安全事件发生的可能性。综合安全事件所作用的资产价值及脆弱性的严重程度，判断安全事件造成的损失对组织的影响。计算环节包括计算安全事件发生的可能性、安全事件发生后的损失及风险值。根据风险计算的方法，计算每种资产面临的风险值，根据风险值的分布情况，给每个等级设定风险值范围，并对风险计算结果进行登记处理。

针对信息系统生命周期各阶段的风险评估，以自评为主，自评估和检查评估相互结合，互为补充。

2.9 知识管理

知识管理是信息技术和管理学交叉的学科，知识管理的目标是对企业所存在的知识进行管理。企业的数据库、知识库甚至是企业员工的大脑都是企业知识存在的位置。企业通过信息和相关的技术，可以高效地掌握和运用知识，实现企业组织机构的创新能力和响应能力，提高企业的生产效率和技能素质，让企业在行业内的竞争力得以增强。

数据、信息和知识三者紧密相连，数据在特定的环境中，和具体的对象相结合会形成信息或知识，信息和事件相结合，联系相关的经验最终形成知识。在企业内部，知识不仅存在于各种数据文档中，也会渗透于企业内部的各种日常工作中。在网络安全领域，知识的管理为企业带来的驱动力和创造力具有重要意义。

从不同的研究视角会对知识产生不同程度的理解和分类。从获取的途径来看，知识可以分为显性知识和隐性知识。所有可以通过文字、图像和符号等信息化的知识称为显性知识，显性知识有具体的载体。隐性知识是不能通过语言或其他形式表现出来的知识，如情感、经验或信仰等。显性知识相当于冰山上的一角，绝大多数的隐性知识在水下。知识管理可以充分挖掘个人和组织的隐性知识，并将知识最大限度地显性化，让知识可以在组织内部进行传播和共享交流，提高团队成员的创新能力和实践能力。

知识管理的难点在于以下几个方面：首先，企业需要重视信息和知识管理；其次，知识管理需要和企业业务深度结合；最后，从隐性知识到显性知识的转化及传播。在知识管理的实施阶段需要遵循的原则是，知识共享是知识管理的基础，注重在团队内部进行有效的快速挖掘，了解组织中的关键技术人才，加强对隐性知识的管理，通过信息技术的使用打破企业内部因地区、产品技术方向而产生的差异。

成功的知识管理需要将知识紧密地与人、处理流程、信息技术和管理相结合。人是知识的创造者，也是知识的管理者，所以人是知识管理的主体。人需要在知识建立、存储和再利用上做出行为上的转变。在处理流程上，需要将不同时期知识管理生命循环所需要的方法技巧具体化。信息技术主要鉴定什么工具及科技可以增强人和处理流程的特性。管理需要沿着人、处理流程及信息技术的特性努力，提供组织的元素从而掌握其完整的精神。

知识管理是动态的过程，包含知识生产、知识共享、知识应用和知识创新，需要建立知识管理的生命周期阶段，进行知识的积累，在确定知识差异后建立新知识，选择信息技术进行知识存储，传播共享知识。

在整个知识生产、知识共享、知识使用和知识创新的过程中，通过现代化的信息技术手段实现人、知识、处理流程和管理的高效运转，完善企业的知识存储，让组织成员便捷地获取知识，提高知识的共享效率，形成智能化的知识共享平台，建立知识共享机制和培训制度，帮助企业提高管理效率，促进企业内部人才素质的提高，有助于提升企业市场竞争力。网络安全企业通过知识的建立，建设企业安全管理在知识和安全之间联系的纽带，实现个体、团队和企业之间安全知识的共享与交流。基于知识管理的基本原理，通过安全知识集约、安全知识运用、安全知识交流和安全知识创新的关联，为网络安全企业的快速发展提供内在驱动。

2.10 安全运营平台建设

安全运营平台包括八个理论模型，下面分别做简要介绍。

（1）PPDR 模型：该模型即策略保护检测响应模型，它是在总体安全策略的控制和指导下，在综合运用防火墙、身份认证、加密等防护工具的同时，利用漏洞评估、入侵检测等检测工具，了解和评估系统的安全状态，并通过适当的响应将系统调整到更安全的状态。保护、检测和响应形成了一个完整、动态的安全循环。

（2）ISMS 信息安全管理体系：信息安全管理体系是建立信息安全政策和目标的组织，以及在总体或具体层面上实现这些目标所使用的方法。它是直接管理活动的结果，表示为策略、原则、目标、方法、过程、核查表等元素的集合。

（3）ITIL 信息技术基础架构库：它是一系列全球公认的信息技术（IT）服务管理最佳实践。它基于行业最佳实践框架，将 IT 服务管理业务流程应用于 IT 管理，旨在满足将信息技术应用于商业部门的发展需要。

（4）项目管理：是指在项目活动中运用专门的知识、技能、工具和方法，使项目在有限的资源条件下达到或超过既定的要求和期望的过程。项目管理是对与一系列目标的成功实现有关的活动（如任务）的全面监控，包括计划、调度和维护组成项目的活动的进度。

（5）产品开发管理知识体系：企业知识库可以实现产品和项目的集成管理，为研发设计部门提供统一的知识、数据共享和查询条件，便于研发人员查阅相关资料，了解相关项目的设计要求和规范。信息化使研发设计工作更加科学合理，降低了投资风险并缩短了产品任务周期。

（6）风险管理：项目风险管理系统模型由风险辨识、风险评估、风险分析和风险控制构成，根据此模型可以发现网络安全中的薄弱点及潜在的安全风险，并进行安全风险评估分析，以评估结果确定响应的风险控制措施，从而降低或消除网络安全隐患。

（7）质量管理体系：是指在质量方面指导和控制组织的管理体系。任何组织都需要管理。当管理与质量有关时，它就是质量管理。质量管理是在质量方面指导和控制组织的协调活动，通常包括建立质量方针、质量目标和质量活动，如质量计划、质量控制、质量保证和质量改进。为实现质量管理的原则和目标、有效开展各项质量管理活动，必须建立相应的管理体系。

（8）业务流程管理/价值链：价值链是企业为实现价值目标所支持的过程的抽象表示。它从价值的角度出发，关注价值目标和增值方法。业务流程是企业实际经营的具体反映，是客观的观点。由此可见，价值链分析必须以业务流程为基础，而业务流程分析则以价值链为指导。价值链分析过程是将企业的整个业务流程（价值链）分解为相互关联的单个业务流程，然后将单个业务流程中的多个价值活动（作业）作为分析对象进行分析的过程。

2.11 安全品牌运营

在市场经济快速发展的今天，企业不仅需要依靠核心产品和技术形成竞争优势，而且需要不断保持品牌自身的竞争优势。在 B2B 行业，同质化的产品和个性化的客户需求使品牌资产显得尤为重要。

B2B 公司构建企业品牌形象的重要原则是找准企业自身定位，保持品牌战略的一致性、保持品牌的真实性，围绕企业的核心定位进行持续性的创意和宣传，让社会公众通过品牌视觉形象形成对企业的认知，从而占据社会公众的心智。

随着信息技术和网络技术的不断发展，传播环境也随之不断变化，在信息爆炸的时代，企业需要确定差异化核心价值的品牌体系，包括价值基础、价值确定、价值打造、价值传递和价值管理，避免因为没有聚焦而造成客户选择的心智困扰。

品牌的差异化定位可以通过抢先定位、关联定位、对立定位、分化定位、聚焦定位和重新定位的方式实现。

品牌价值机会的关键在于战略选择的原则，企业在确定自身定位后，可选择兵力原则、防御优势原则进行攻守之战。战略选择的形式在于根据自身状况选择品牌防御战略、进攻战略、侧翼战略或品牌游击战略。

网络安全企业的品牌运营需要在找准定位后通过运营增强品牌定位优势。完整品牌价值理论体系需要由品牌命名、定位广告语、销售话术、品牌视觉锤、聚焦运营配称、进行品牌研发管理、开发品牌精神价值系统等关键环节构建而成。网络安全企业品牌运营需要围绕定位有效提供品牌命名、广告语、销售话术、视觉锤及产品、价格、渠道、研发等营销策略，可以为企业提供完整的品牌识别和感知系统，为企业夺取定位和品类发挥关键作用。

网络安全企业的品牌传播的方式包括口碑传播、社会化媒体传播、内容营销传播、公关传播、品牌广告、体验传播及展览传播，传播的对象是和企业直接或间接利益相关的群体或组织。

尽管国内的网络安全企业数量在科技类领域的占比不算太高，但仍然要注重品牌管理。网络安全企业品牌管理包括品牌资产管理、品牌组合管理、品牌长期管理。

网络安全企业的品牌市场基础小众化，需要结合自身业务及公司发展的不同阶段需要，结合市场形势制定符合自身条件的可持续发展的品牌经营策略，慎重制定和坚持产品与服务所传递的价值主张，保持公司品牌的一致性、清晰性、持续性、可视性、真实性，进行全面化的品牌传播。

2.12 安全行业分析

面对日益严重的网络空间安全威胁，美国、德国、英国、法国等世界主要发达国家纷纷出台国家网络安全战略，明确网络空间的战略地位，并提出将从外交、军事、经济等方面着手，以确保网络空间安全。

我国 2017 年的信息安全软件、硬件和服务市场规模达 41.56 亿美元，同比增长 23.91%。2012—2017 年复合年增长率为 20.10%，保持较快增长态势。2017 年，在整个信息安全硬件、软件和服务市场中，安全硬件市场占有最大份额，占 56.47%，安全软件市场占 17.18%，安全服务市场占 26.35%。2017 年，中国信息安全软件市场规模达 7.14 亿美元，同比增长 14.61%，主要得益于企业用户对安全软件需求的增加和云应用的即时性需求。2017 年，我国信息安全硬件市场规模达 23.47 亿美元，同比增长 26.52%，保持较快增长态势，主要得益于政府、军事、金融、电信等行业购买防火墙等产品和统一威胁管理。2017 年，我国证券服务市场规模达 10.95 亿美元，同比增长 25.00%。随着云计算和大数据技术的快速发展，安全服务市场将继续快速增长。

近年来，我国信息安全产业快速发展的主要驱动因素有以下几个：国内信息网络和重要信息系统设备的基础水平关系到国家网络安全形势；信息安全需求的提高是推动行业快速发展的根本因素；国家政策支持是信息安全产业发展的重要因素；推进信息安全标准化，促进了信息安全产业的发展；信息技术不断发展创新。

在行业分析中，普遍运用的方法有PEST分析法、SWOT 分析法、波特五力模型、价值链分析法等。

PEST分析法是对宏观环境的分析，“P”是政治（Politics），“E”是经济（Economy），“S”是社会（Society），“T”是技术（Technology）。在分析企业集团的背景时，通常会通过这四个因素来分析企业集团所面临的形势。

SWOT分析法，即基于内外部竞争环境和竞争条件的态势分析，就是列举与研究对象密切相关的主要内部优势与劣势、外部机会与威胁，并以矩阵形式进行列举，然后运用系统分析的思想对各种因素进行整理分析，得出一系列相应的结论，这些结论通常具有一定的决策性。

波特五力模型认为行业内有五种力量决定着竞争的规模和程度。这五种力量共同影响了产业的吸引力和现有企业的竞争战略决策。这五种力量分别是现有竞争对手在该行业的竞争力、潜在竞争者进入的能力、替代品替代的能力、供应商的议价能力及买方的讨价还价能力。

价值链分析法是一系列输入、转换和输出活动的集合。每一项活动都可能产生与最终产品相关的增值行为，从而提高企业的竞争地位。信息技术和关键业务流程的优化是实现企业战略的关键。企业通过信息技术在价值链过程中的灵活运用，发挥信息技术的有效性、杠杆性和乘数效应，从而增强企业的竞争力。

2.13 安全生态运营

网络安全生态学是仿照古代生物生态学的数学模型，它定量描述了黑客、红客和用户的生存与环境之间的关系，解释了一些宏观现象，为保障网络空间安全提供了战略参考。安全生态的现状主要总结为以下三点。

第一，网络安全产业没有良好的生态环境。网络安全产业具有技术多样性和同质竞争的特点。此外，大多数人对网络安全的认识还处于初级阶段。中国大多数网络安全公司基本上都处于解决生存问题的阶段，没有能力部署资源共建良好生态环境。

第二，攻防不平等将长期存在。我国网络安全建设的目的不仅是应对国内的安全攻击和黑客攻击，更是为了应对全球黑色产业链的挑战。双方在立场和实施方式上存在巨大差异，应该继续增加攻击者的成本，同时增加惩罚的力度和手段。

第三，威胁会升级。十年前，威胁主要针对硬件服务器、软件操作系统和高价值企业；今天的威胁主要针对数据、健康和生命；未来的威胁将针对国家、社会和政治层面。

网络安全生态也是一个生态圈，其核心是人。人的力量是无限的，是动态的。每个人的潜力都不可低估。因此，关注网络安全生态系统关乎人的动态发展，而关注人则是通过挖掘和管理每个人的潜在力量来帮助公司实现自己的安全，通过对网络安全生态系统成员画像的分析，挖掘出不同层次的可用资源。

第3章 安全运营体系建设

3.1 安全运营服务体系

3.1.1 安全合规及监管服务

1. 安全标准规范建设

安全运营中涉及的安全标准规范统一规范一体化安全保障体系建设的安全管理、安全技术、安全运营体系的相关标准，同时符合国家关于网络及关键信息基础设施、等级保护、云计算、大数据、政务数据开放共享和电子政务外网相关的安全标准、法令法规和指导文件的要求。具体建设内容包括：安全管理要求、安全技术标准、安全运营标准。

2. 等级保护测评及风险评估

1）等级保护测评

等级保护测评工作过程及任务基于受委托测评机构对定级对象开展等级测评。等级测评过程包括四个基本测评活动：测评准备活动、方案编制活动、现场测评活动、报告编制活动。而测评相关方之间的沟通与洽谈应贯穿整个等级测评过程。

2）风险评估

风险评估是信息系统安全的基础性工作，是科学地分析和理解信息与信息系统在保密性、完整性、可用性等方面所面临的风险，并在风险的减少、转移和规避等风险控制方法之间做出决策的过程。风险评估将导出信息系统的安全需求。因此，所有信息安全建设都应该以风险评估为起点开展风险评估工作。

3）合规整改

业务应用系统通过等级保护测评及风险评估相关报告中反馈的问题，由相关业务系统主管单位负责协调专业技术人员开展合规整改，整改工作完成后通过相关的验证来评估最终的整改效果，并提供整改后的验证报告完成合规整改工作。

3. 合规性检查及指导

安全合规性检查及指导工作的开展，在不同阶段、针对不同技术活动参照相应的标准规范进行；对各业务单位的重要系统进行安全建设和整改的指导，定期开展网络安全情况及能力建设情况检查。

监管单位对各单位定期通过定期安全检查、安全抽查，或者委托第三方机构开展有针对性的安全检查，指导网络安全工作的开展，在各项工作开展的过程中实施监督和管理，发现存在的问题提供相应的指导，同步完善安全运营相关工作的推进。

3.1.2 安全运营服务

1. 安全基线评估加固

通过“自动化工具配合人工检查”方式参考安全配置基线进行检查，主要包括网络设备安全配置基线、安全设备安全配置基线、操作系统安全配置基线、数据库安全配置基线、中间件安全配置基线等，采用主流的安全配置核查系统或检查脚本工具，以远程登录检查的方式工作，完成设备的检查，针对物理隔离或网络隔离的设备使用检查脚本工具来补充完成检查工作。

依据区域安全技术标准对网络设备、安全设备、操作系统、数据库及中间件的安全配置基线要求或结合安全评估结果，按照安全整改建议，由安全服务人员协助云服务客户运维人员实施安全加固，至最终符合安全标准以保障安全运行。

2. 运维管理与安全审计

1）安全运维管理

安全运维管理即实现对业务系统进行集中运维管理，对身份、访问、权限进行控制，可以降低运维操作风险，使安全问题得到追溯，提供安全事件对应的运维操作行为依据。

安全运营一线运营前台人员，通过了解用户的角色与权限，进行日常运维角色、权限管理工作，对安全运维工单进行处理。

2）安全审计日志分析

区域所使用的安全产品会产生大量的网络访问日志、管理行为记录、操作行为记录、产品运行记录和网络流量等数据，以及安全监测产生的大量信息，这些信息数量庞大且无明显关系，但其中可能隐含着潜在的网络攻击行为或已经发生但未被发现的攻击行为、产品故障等。安全审计人员利用搜集到的安全日志，结合资产信息等实际情况，分析这些海量数据中的相互关系，挖掘出有价值的网络攻击、运行故障等信息，及时开展相应的处置工作，以保障安全产品及整体区域各业务系统的运行安全。

3）服务交付成果

针对运维管理工作和安全审计日志分析输出安全运维审计报告，该报告记录阶段性安全运维和安全审计日志情况。

3. 系统上线安全检查

区域各业务应用系统随着业务发展及应用更新，存在新业务系统上线及应用系统版本变更的需求，为了避免系统“带病”上线影响全局安全，在业务系统上线及应用变更时应按照合规要求进行全面安全检测分析。

4. 安全事件分析

安全事件分析工作是区域安全运营工作的核心，基于安全运营中预测、监测到的安全数据和安全事件信息进行安全事件研究、分析和判定，验证安全事件的可能性并出具相应的解决方法。安全事件研判分析完全依靠高技术能力的安全服务人员利用区域搭建的安全技术体系，并借助外部安全大数据开展工作。本项工作包含于安全运营体系的每一个服务项中，最终输出的交付成果结合在每项服务交付成果中。

5. 重点时期攻防演练

在重点时期前完善安全整改工作后，组建防守方和攻击方进行实际的演练攻击，攻击方采用各种技术手段模拟黑客攻击，发起各类攻击事件，防守方检测和发现外部攻击，并对攻击采取相应的防护措施，导演方负责演练导演、监控进程、全程指导、应急处置、演习总结、技术措施与策略优化建议等技术咨询工作。通过攻防演练实战，严格地检验区域的安全产品、安全策略、安全体系、人员能力和协同处置等多方面内容，检验区域已有防御体系的有效性，检验区域内部安全协同和应急处置能力。

6. 安全应急响应处置

基于区域具体的安全事件开展专家应急响应，包括安全事件检测、安全事件抑制、安全事件根除、安全事件恢复、安全事件总结，最终形成协调联动机制，增强应急技术能力，健全应急响应机制。安全事件处置完成后，系统得到恢复，找到安全事件发生的原因并提供相应的安全解决方案，提供交付物安全事件应急响应报告。

7. 互联网资产发现

基于网络扫描、搜索引擎、互联网基础数据引擎主动探测区域业务应用系统在互联网上暴露的资产，可以形成明确的资产清单，并发现区域各业务应用系统的未知资产。通过大数据挖掘和调研的方式确定资产范围，进行主动精准探测，深度发现暴露在外的 IT 设备、端口及应用服务，发现活跃资产及“僵尸”资产，由安全专家对每项业务进行梳理分析，结合用户反馈的业务特点对资产重要程度、业务安全需求进行归纳，最终形成区域资产清单。

8. 安全流量风险分析

利用威胁情报数据和采集到的安全大数据，采用专业攻防思路构建分析模型，提供内部失陷主机、外部攻击、内部违规和内部风险等关键信息安全问题的周期性检测、发现和响应服务，提升主动应对安全威胁的能力，在信息安全方面构建最后一道“防火墙”。安全流量风险分析主要包括内部失陷主机检测、外部攻击检测、内部攻击检测、内部违规检测和事件分析研判溯源五大类服务。安全流量风险分析服务结合区域实际情况，周期性地开展工作，提供交付成果安全流量风险分析报告。

安全流量风险分析服务除提供上述服务之外，还可以协助建立内部的安全大数据中心，为后续利用大数据分析技术来开展安全分析、安全数据的基线、安全数据的深度挖掘和安全数据的审计提供必要的基础。

9. 应用失陷检测

企业对外的、留在大众心中抽象化的无形资产，通过大众抽象化的定位与认知形成异性的品牌力。应用失陷检测通过数据采集、工具分析、人工标记、专家研判、成果交付五个过程对被分析系统的访问日志进行全面细化的分析，针对所有应用失陷检测系统输出应用失陷检测报告，描述其发现的问题并给出相应的解决方案。

10. 全事件及态势监测

安全运营团队的一线运营前台会 7×24 小时监控应用安全监测事件，并对事件进行即时确认，一旦发现安全事件属实，将会即时通知客户及相关的应用管理接口人，同时启动相应的安全应急响应流程。

针对区域安全监控内的所有业务系统平台，进行实时安全监测预警和安全态势感知，及时上报发现的潜在威胁和脆弱环节，建立全网安全隐患发现、预警、处置等流程的一体化快速响应。

针对所有安全事件的监测和安全态势的监控，形成周期性安全监测报告，记录安全事件汇总情况、安全态势趋势等。

11. 安全策略优化服务

完成策略信息搜集后，结合实际业务安全需求，对现有安全策略进行差距分析，发现策略缺失、策略冗余、策略未废止等问题，并制定相应工作方案开展策略优化工作，内容包括访问控制策略优化、安全防护策略优化、行为审计策略优化等，通过安全策略优化完善策略可用性，提升防护能力。针对所有需要进行安全策略优化的安全设备输出安全策略优化报告，该报告记录了优化前和优化后的策略变化情况。

12. 安全产品运行维护

安全产品运行维护是指针对区域安全防护体系中构建的安全产品，在运行过程中进行的一系列常态化维护，包括设备运行安全监测、设备运行安全审计、设备及策略备份更新等工作。通过安全产品运行维护工作的开展保障安全产品最优化运行。针对所有需要进行安全产品运维的安全设备输出安全产品运维记录单，该记录单记录了安全产品运行过程中的变化情况、出现的问题、问题的解决情况等。

13. 威胁情报预警

威胁情报预警是指基于网络安全威胁情报来监测和管理区域资产的安全健康状态，主动提供安全事件预警、分析及处置，利用第三方安全大数据进行关联分析和行为分析，精确地标出威胁情报，提供安全预警。威胁情报预警可帮助区域保持其 IT 基础设施的更新，更好地阻止安全漏洞，并采取行动来防止数据丢失或系统故障，从而有效地抵御攻击。威胁情报预警根据不同时期发生的安全漏洞、安全事件等提供有针对性的威胁情报分析报告。

14. 漏洞生命周期管理

漏洞生命周期管理包括网络层漏洞识别、操作系统层漏洞识别、应用层漏洞识别、安全加固、交付成果。定期为业务系统提供漏洞扫描，发现漏洞并在经过验证属实后将漏洞纳入安全运营平台由安全运营人员进行持续跟踪，将扫描结果和漏洞修复建议发送给网站运维人员，配合其修复漏洞，待漏洞修复之后，重新进行验证扫描，确认漏洞修复后将该漏洞“关闭”。暂时无法修复的漏洞将暂由应用防护体系进行防护，并将漏洞置为“未修复，已防护”状态，由安全运营服务团队继续跟踪直至漏洞被修复。

15. 重点时期安全检查

在重点时期（包括“两会”、春节、互联网大会等）前对现有网络运行的服务器、终端、网络设备、安全设备、网站及应用系统等开展安全检查，从而发现硬件、软件、协议的实现或系统安全策略上的缺陷问题，对发现的问题提供对应安全整改建议，在重点时期做好安全加固及防护，以保障网络安全稳定地运行。

通过重点时期安全检查，可以及时发现信息系统中存在的安全漏洞，通过对服务器及安全设备漏洞的整改，可以及时消除安全漏洞可能带来的安全风险。

16. 重大事件安全通告

建立安全通告机制，对出现的安全问题、威胁情报信息等进行全面传达、定期通告。每周以邮件形式向用户通告业内安全态势、重大舆情信息、重要系统漏洞及补丁信息等，不定期对紧急重大类漏洞信息以最快时间通过邮件或电话向客户告知漏洞的危害、影响范围及应对方案等信息。

3.1.3 安全管理服务

安全管理体系主要是为安全运营中心建立一套完善的、符合等级保护第三级要求的安全管理体系，以便开展日常安全工作及其他相关工作。

1. 管理组织建设

以安全组织架构设计为基础，定义业务系统监管方、云服务运维方、业务系统运维方、安全运营中心“四方”的职责如下：

（1）应按照网络安全法和国家信息系统安全等级保护的要求，对各个业务系统进行信息安全设计与建设，各方应该在系统监管方的协调下积极配合安全运营中心的建设工作。

（2）为确保各业务系统的数据和系统自身的安全，云服务运维方和安全运营中心应先通过安全审查（按照国家相关部门安全标准及规范实施），才能向客户提供云计算服务和安全运营服务。云服务运维方和安全运营中心应积极配合监管工作开展，对云服务方所提供的云计算服务进行安全监控，确保持续满足业务系统的安全需求。

（3）业务系统运维方需承担部署或迁移到云计算平台上的数据和业务的最终安全责任；业务系统运维方对业务系统的运行进行监督和管理，根据相关规定或服务级别协议开展信息安全检查。

（4）业务系统监管方作为区域的网络信息安全监管部门，负责安全建设项目和安全运营制度的审批，负责安全工作实施过程中的监督、协调与沟通。

（5）明确定义、设置上述多方日常安全职责矩阵。

2. 安全制度管理

安全制度管理工作的主要内容如下。

完善信息安全工作总体方针、安全策略，说明机构安全工作的总体目标、范围、方针、原则、责任等；完善各种安全管理活动中的流程和管理制度；建立和完善日常管理操作规程、手册等，以指导安全操作；定期对安全管理制度体系进行评审，以发现不适宜内容并加以修订。

设立信息安全领导小组或委员会，并由信息安全领导小组统一负责并组织相关人员制定信息安全管理制度。

定期对安全管理制度进行评审和修订；针对安全管理制度明确具体的负责人或负责部门，并用清单的方式明确对应关系。

3. 安全流程管理

为监管方建立相关的流程，保证安全运营可以遵照标准流程制度执行，主要内容如下。

流程制定。建立健全流程管理制度，主要流程有：安全事件处置流程、安全风险评估流程、安全事件应急响应流程、安全事件溯源取证流程、安全设备上线交割流程等。

流程变更维护。定期维护和修订相关的管理制度。

流程发布。根据需要，定期发布变更后的全套流程到相关的组织范围，并对发布的流程进行相关培训。

4. 人员安全管理

为保证安全管理方做好各阶段的工作分配，需要协助安全管理方建立合理的信息安全人员管理机制，如渗透测试工程师、应用安全开发工程师、网络安全工程师、终端安全工程师和数据安全工程师等。

5. 安全建设管理

安全建设管理，即对系统建设进行安全管理，包括系统定级、安全方案设计、安全产品采购、自主软件开发、外包软件开发、工程实施、测试验收、系统交付、系统备案、等级测评、安全服务商选择等。

6. 安全运维管理

安全运维管理，即对系统运维进行安全管理，包括环境管理、资产管理、介质管理、设备管理、安全监控、网络安全管理、系统安全管理、恶意代码防范、密码管理、变更管理、备份及恢复管理、安全事件处置、应急预案管理等。

7. 安全培训管理

打造面向所有信息化管理人员、IT 运维团队、内部工作人员的网络安全培训中心，定期举行网络安全培训，提供定制化的信息安全意识和安全实操培训服务。安全培训管理具体包括五部分内容：安全意识培训、安全管理与理念培训、网络及安全设备安全运维培训、操作系统及数据库安全运维培训、应用系统安全开发与运维培训。

8. 安全运营管理

通过对《中华人民共和国网络安全法》和等级保护第三级要求进行分析，安全管理体系的逐步建立和完善需要通过必要的工具辅助开展日常管理工作，通过安全管理系统可以积累相应的数据便于分析和管理，安全管理工作的开展需要配套开发一套安全管理系统，能够基于系统生命周期管理对参与方角色/权限管理、安全制度管理、风险管理、控制执行、绩效评价、威胁情报、工作流程等进行统一管理，以提高安全管理工作效率。

9. 安全咨询管理

信息安全规划是一项较为重要的安全咨询服务，主要依据信息安全策略及行业发展动态，在对客户信息安全现状进行风险评估、差距分析的基础上，从安全技术、安全管理、安全组织三个角度帮助客户构建短期、中期与长期的信息安全规划，将信息安全的单点风险控制转变为全面的安全规划，进而实现有效的信息安全建设并建立完整的信息安全保障体系。

在开展信息安全规划服务时，首要工作是依据国际信息安全最佳实践、国家信息安全政策引领、行业发展动态、监管部门的政策规范及信息安全技术发展趋势等要求，构建信息安全能力评估模型，依据模型对客户的网络基础环境、计算环境、管理环境、组织环境进行现状检查、评估与差距分析，明确客户信息安全建设的需求与目标。在此基础上，进行信息安全建设的蓝图规划。信息安全蓝图规划须依托企业信息化规划，对信息化的实施应起到保驾护航的作用。信息安全规划的目标应与企业信息化的目标保持一致，且比企业信息化的目标更具体明确、更贴近安全。信息安全规划的一切论述都需以上述目标为依托进行部署和开展。

3.2 安全运营管理体系建设

建立安全运营管理体系，定义并明确安全职责类别，依据安全职责设置安全岗位并配备与之对应的人员，通过人才培养及能力培养、安全意识教育培训，建立安全规划开发、安全风险管控、漏洞挖掘利用、安全防御响应、安全问题改进、安全指挥调度等多支队伍，建立与外部机构的沟通和合作机制，所有相关人员需设立专职岗位和编制，制定人才培养和发展计划，以及构建人员能力评估体系和考核体系，实现安全运营人员队伍管理。

3.2.1 关键角色定义

安全运营管理关键角色定义如表 3-1 所示。

表 3-1　安全运营管理关键角色定义

名　称	描　述	岗　位
攻击利用	受雇于安全组织者的具有职业道德的黑客，职责是寻找可利用的漏洞	IoT 安全测试工程师、攻防研究专家、武器化专员、复杂对抗研究院、白帽子、漏洞挖掘工程师、渗透测试工程师
安全防御	通过实时狩猎活动及时关联分析决策，进行快速有效的响应处置	安全运维工程师、情报工程师、应急工程师、威胁分析师、安全保障专家、取证专家
安全开发	促使信息化安全高效，聚焦组织保护对象，保障业务安全运行	安全产品经理、安全研发咨询人员、安全测试人员、网络工程师、安全架构师、IT 系统工程师
意识教育	具备超前安全意识，引导开发团队编码、弥补安全知识缺陷	企业安全开发咨询顾问、企业安全培训师
持续改进	跟踪问题修复情况，完善安全运行能力，持续不断地进行改进	企业安全培训师、企业安全风险顾问、安全开发咨询顾问
风险管控	从风险管理的视角挖掘红队的攻击能力，提升蓝队防御能力	风险管理顾问、合规审计顾问、合规建设顾问、攻防顾问、应急管理顾问
整合运营	构建安全知识体系，融合增强安全能力，实现安全共同目标	安全行业分析师、管理顾问、合规性顾问、风险顾问

3.2.2　管理组织架构

管理组织架构是项目成功的重要组成部分，为保障安全运营中心建设顺利开展，以及项目在建设完成后能够达到建设要求并形成一套不断完善的改进体系，需从安全的机构建设到人才建设进行全面保障，不断夯实安全工作，做到分工明确、责任清晰、任务到人、考核到位。

为满足安全运营中心建设需求，在完成基础安全设施建设的同时，需要建立安全服务和保障队伍及相关责任部门。安全运营中心整体分为四级团队，以联动模式为各子安全运营中心提供运营服务。

安全运营四级团队的职责如下。

四线运营后台—安全运营专家团队：提供在线咨询、安全培训、情报关联分析、顶层规划设计、在线应急指导、调度指挥等服务。

三线数据中台—安全运营分析团队：提供威胁建模、安全运营策略制定、安全情报分析分享、安全知识案例分析等服务。

二线业务中台—安全运营人员：提供威胁狩猎分析、安全运营指导、现场应急响应处置、安全场景分析定制等服务。

一线业务前台—安全运营机器人：提供 7×24 小时威胁检测服务，辅助驻场人员进行平台维护等服务。

安全运营四级团队如图 3-1 所示。

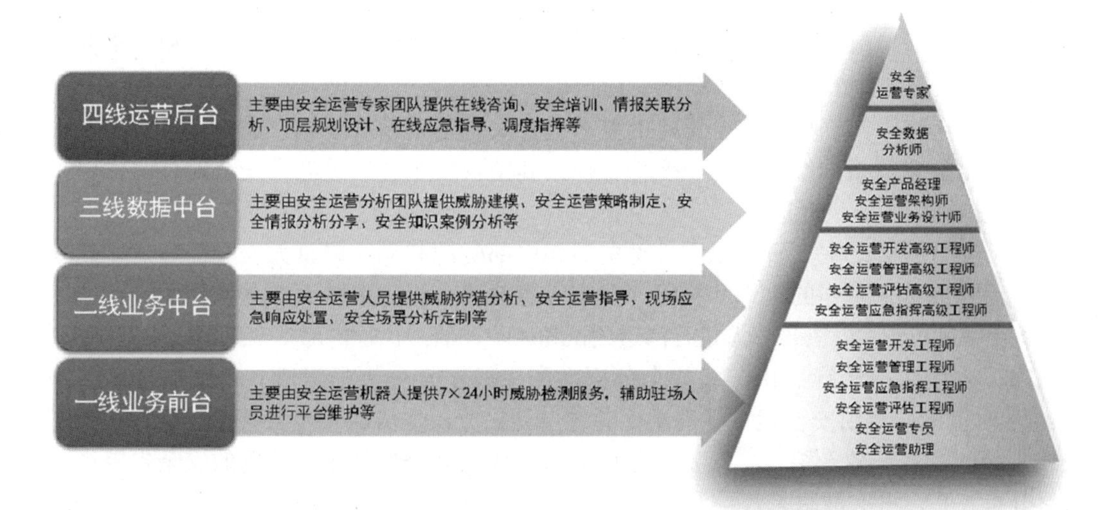

图 3-1　安全运营四级团队

此外，还需设立安全运营管理部、安全运营部、安全技术研究部和安全运维部，聘请安全专家与安全工程师组成安全运营专家委员会，如图 3-2 所示。

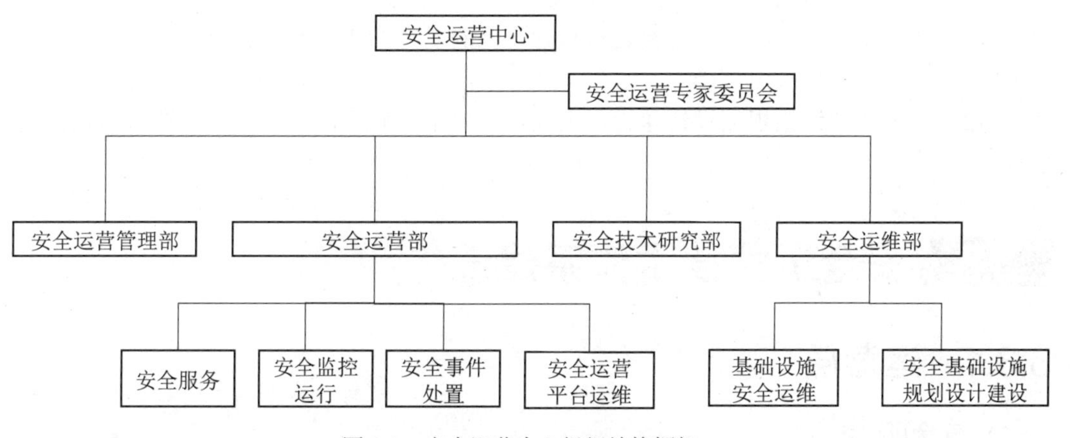

图 3-2　安全运营中心组织结构框架

（1）安全运营中心：由安全运营专家团队组成，支撑各子运营中心。

（2）安全运营专家委员会：由安全专家与安全工程师组成，为重大安全事件的调查分析、重要安全策略的制定、重大保障任务的执行提供智力支持。

（3）安全运营管理部：主要负责安全策略的制定和执行监督。根据法律法规、等级合规、内控规范和业务需求与数据拥有者一同制定数据保护机制；与业务部门和应用部门一起制定认证和授权机制；根据等级保护合规要求、内控规范、审计要求制定相关的监测机制；所有这些机制由安全基础设施和安全运营中心执行并由安全管理处进行监督。

（4）安全运营部：为各子运营中心负责告警事件的分析判断、调查取证、追根溯源、事件处置等工作，主要工作内容包括：安全服务、安全监控运行、安全事件处置、安全运营平台维护等。

（5）安全技术研究部：主要负责安全策略与对策、安全新技术的研究，新型攻击手法研究，对安全运营中心所涉及的高危漏洞的研究分析，未知威胁的探索发现，组织进行内部的红蓝对抗演练及时发现新的安全风险，并将这些成果转化为知识库和安全分析模型，同时负责威胁情报的搜集和管理工作。

（6）安全运维部：根据安全策略的要求进行安全基础设施规划、建设及日常的运维工作，安全配置策略的统一管理、变更工作。其中，安全基础设施是安全信息的主要来源和安全措施的主要执行点。

（7）安全服务：主要负责组织外部资源和内部资源共同完成重大安全任务，如建立重保小组完成重保工作的组织和执行、建立应急响应小组完成重大安全事件的响应和处置；每个季度组织内、外部资源进行渗透测试和风险评估；执行内部安全意识培训工作。

（8）安全监控运行：由一线安全分析师和二线安全分析师组成。一线安全分析师7×24小时值班，对由安全运行管理平台通过自动化分析生成的安全告警事件进行初步的快速判断，过滤无效告警；二线安全分析师对一线安全分析师不能明确的安全告警进行最终分析判断，再次过滤无效告警。

（9）安全事件处置：对确认的安全事件分析其危害程度、波及范围等，确定是否启动应急响应；对安全事件进行溯源分析、调查取证；周期性地进行安全风险评估工作。

（10）安全运营平台运维：负责安全运营平台的监控和维护、安全分析模型和分析规则的开发和维护、态势展现内容的开发和维护。

（11）基础设施安全运维：主要负责基础设施的安全扫描、安全分析、策略变更、安全加固、安全监控、应急响应等。

（12）安全基础设施规划设计建设：主要负责安全基础设施的规划方案的编写及落地实施。

3.3 安全运营技术体系建设

3.3.1 运营层

1. 安全可视化

安全可视化支持对资产态势、脆弱性安全态势、数据安全态势、安全事件态势、攻击态势、安全防护态势、威胁态势进行多维度深度分析。

2. 资产态势

平台支持基于资产信息数据，按照区域、类型、重要程度等，结合资产安全事件、漏洞信息进行多维深度分析，形成资产类型分布、数量对比、资产弱点、资产健康度、资产风险分布等分析数据，并支持无码化、可拖曳的视图态势展示。

资产态势感知通过资产卡片形式实时监控重大保障活动中的关键资产，利用标签切换不同的活动资产分组，及时发现并处置风险资产，保障用户业务的可持续平稳运行。

3. 脆弱性安全态势

脆弱性安全态势基于漏洞和配置核查信息，结合应用系统、区域资产等基础数据，进行多维度分析，从资产、业务系统、组织架构、责任人等视角，给出漏洞与资产的全面关联分析，形成在不同系统和资产上的脆弱性分布、高危漏洞及排名等分析数据，并且支持无码化、可拖曳的态势展示。

4. 数据安全态势

数据安全态势包括管理、校验、调整数据自动分级规则及其学习优化策略，将自动分级规则统一下发到各数据处理技术系统，包括数据鉴权、敏感数据检查等，结合数据分类标记制定各处理系统上的敏感数据识别与防护策略；同时，对各处理系统上发现的敏感数据态势、违规情况、异常行为情况及风险进行统一展示和分析，并将各系统上的分级识别结果反馈给数据自动分级规则学习流程，不断迭代优化数据分级规则。

（1）主要的安全能力：数据安全态势、分级规则管理、安全督查管理、元数据管理、数据源管理、敏感数据管理、用户行为管理、协同联动管理和数据泄露溯源管理等。

（2）数据安全态势：支持数据安全态势感知、数据资源全景、敏感数据地图、数据使用流转、数据安全预警、异常行为发现、违规分级访问等；支持热力图、数据图表、趋势图、散点图等可视化效果；支持时间、地址、设备、应用、数据源等多维展示。

（3）分级规则管理：支持分级规则制定、分级规则审核、分级规则下发、分级规则校验、分级规则目录和自动规则引擎等。

（4）安全督察管理：支持事件响应、事件处置（阻断策略下发）、事件溯源、报告等。数据安全督察管理形成数据安全防护体系闭环，在发现安全事件后进行快速响应，根据事件类型或级别快速下发预制的阻断策略，将安全风险降至最低，事后通过溯源分析形成证据链和相应报告。

（5）元数据管理：对元数据对象的各种属性、结构和关系进行管理，识别业务元数据、管理元数据、技术元数据、保密元数据等标识，支持手动添加、修改和删除。

（6）数据源管理：对数据源进行验证，对数据接入过程进行记录，对数据源配置信息进行管理，支持手动添加数据源。

（7）敏感数据管理：对存在敏感数据的数据源、数据库、数据表、数据字段及特殊业务属性等进行管理。通过管理元数据对工作中的敏感数据进行标识，通过保密元数据对国家安全、社会秩序和公共利益、个人隐私等数据进行标识。

（8）用户行为管理：面向数据访问的用户行为管理（UEBA），根据安全规则进行异常行为分析并发现数据泄露风险，快速判定用户行为是否存在异常，并且进行预警。

（9）协同联动管理：支持安全设备管理、阻断策略管理、安全告警管理、审计日志分析等。

（10）数据泄露溯源管理：对数据泄露进行溯源分析，定位相关组织、人员、设备、IP、位置等信息，分析泄露路径和途径，还原数据泄露场景，形成分析报告。

5. 安全事件态势

平台支持按照安全事件时间段从事件级别、区域分布、事件类型等方面对公安信息网中发生的安全事件进行多维深度分析，形成不同区域事件分布对比、安全事件发展趋势等分析数据，并支持无码化、可拖曳的视图态势展示。外部攻击态势主要关注来自全世界不同地区的安全事件，实时监控不同攻击源的地域分布和国家排行，掌握各攻击链阶段的威胁变化趋势和最新安全事件。

6. 攻击态势

平台支持基于公安信息网中的流量信息、访问行为信息、事件分布信息等进行多维深度分析，形成包括攻击主体、攻击事件类型、攻击行为异常趋势、操作对象和处置状态等的分析数据，并支持无码化、可拖曳的视图态势展示。

攻击者追踪溯源可视化分析大屏为安全运维人员提供攻击行为分析、团伙分析、攻击取证信息、攻击趋势、攻击手段、攻击影响范围等信息，支持任意攻击者信息查询，可生成详细的攻击者溯源报告，并能够一键导出报告。

7. 安全防护态势

平台支持基于安全防护引擎、安全防护策略、安全防护对象、安全事件处置情况等数据进行多维度分析；能够形成安全防护引擎分布、拦截阻断记录、网络带宽、事件处置进度等分析数据，并支持无码化、可拖曳的视图态势展示。

资产威胁溯源可视化分析大屏为安全运维人员提供被攻击行为分析、影响资产范围分析、攻击取证等信息，支持任意资产查询，可呈现被访问趋势、被攻击趋势、被攻击手段、资产状态、资产评分等信息。

8. 威胁态势

平台支持基于内部攻击、漏洞信息、病毒、违规行为等数据进行多维度分析；能够形成内部跨安全域横向威胁方向、病毒蔓延趋势等分析数据，利用一系列可视化手段实现攻击拓扑关系，并支持无码化、可拖曳的视图态势展示。

横向威胁感知主要关注内部资产之间的违规操作和病毒传播，实时监控跨安全域的访问行为和业务系统访问情况，通过自由布局和圆形布局观测资产之间的威胁关系，及时发现并制止违规资产对内部网络环境造成的破坏。

3.3.2 功能层

1. 资产管理

资产管理主要包含对主机、应用、终端、网络设备、安全设备及外设等网络信息相关的资产管理。主要实现的功能包括支持发现、注册、标记、梳理和管理等功能。

2. 漏洞管理

漏洞管理主要是指在平台内设置本地漏洞库，接收大量的漏洞信息，用于与本地的资产进行匹配、安全事件关联分析等。主要的功能包括漏洞接收、漏洞审核、漏洞分析、漏洞修复及漏洞验证等。

3. 基线管理

基线配置模块支持对基线的监测、整改、验证的闭环管理，包括网络设备安全配置基线、安全设备安全配置基线、操作系统安全配置基线、数据库安全配置基线、中间件安全配置基线、云平台安全配置基线等。通过信息系统安全基线及基线核查策略库的构建，可以提升安全事件管理、预案管理、安全监测管理、安全通报管理的安全运行管理能力。随着业务系统的不断变化，基线需要核查和更新，基线核查的主要研究内容就是如何通过机器语言，采用高效、智能的识别技术，以实现对网络资产设备自动化的安全配置检测和分析，并提供专业的安全配置建议与合规性报表，在提高安全配置检查的方便性、准确性并节省时间成本的同时，让安全配置维护工作变得有条不紊且易于操作。

4. 知识库管理

知识库为应急处置提供相关资料信息，包含常用命令、小技巧、漏洞分析等内容，以满足不同场景下对应急处置工具及相关知识的需求，辅助网络安全事件的取证溯源和快速恢复。具体包含以下内容。

（1）安全大数据的知识库要包括：安全数据清洗规则库、安全标签库、告警规则库、机器学习算法库、威胁情报库、恶意代码库、IP 地址库、漏洞信息库、资产指纹库等。

（2）知识库应根据实际应用场景，周期性地进行更新、补充。

（3）知识库的内容来源广泛、全面，具有代表性。

5. 策略管理

策略控制实现对安全告警、安全风险、安全态势等信息的汇总，并进行关联分析、智能推理、分析研判和决策，形成安全防护控制策略和业务安全控制策略，基于决策结果进行服务的编排、调度和配置，包括业务安全策略控制和安全防护策略控制。

6. 事件管理

对监测到的安全事件，按照不同安全事件级别进行应急响应处置，可对监测到的攻击事件进行合并汇总、分析研判等操作；可将攻击事件与取证应用相关联，获取事件相关的取证信息。

一是事件的发现与推送管理。根据安全事件的归属地原则，将系统自动发现的安全事件以自动推送的方式，将大数据分析形成的明确的安全事件以专家上报的方式，推送到事件发生地所属的组织机构，并由该组织完成事件的后续处置工作；支持安全事件的报警功能，包含重点应用系统安全状态报警、攻击事件报警、入侵检测报警、防火墙报警、网中网报警、病毒报警等。

二是事件处置工作台。支持多级用户的安全事件流转管理，如创建、上报、下发、核查、审核和办结等一系列操作；支持安全事件的访问和操作权限控制；支持基于特定事件的群组讨论功能；支持用户对事件的操作审计等功能；支持事件按区域的统计和考核功能；支持个人信息的管理，如个人贡献分的计算与系统中上报的事件挂钩。按个人贡献分排名，支持个人排名及等级信息查询；支持按照部门级别、岗位对安全事件的访问权限进行控制；支持按照部门级别、岗位对系统资源的访问权限进行控制；支持主用户、组织、角色和应用等平台正常运维所需的管理功能。

三是安全事件配置管理。支持对组织机构所管辖的 IP 地址段进行配置，实现事件创建时通过源 IP 地址关联区域，事件下发时绑定签收区域，针对某个组织机构可配置一个或多个 IP 地址段，新建时需要校验 IP 地址段是否与已配置的 IP 地址段有交叉；支持对组织机构的IP地址段进行查询、删除等操作；支持用户新增、编辑、删除安全事件类型；支持用户自定义安全事件类型的描述字段名称及字段类型；支持与处置流转相关的特定功能参数配置，如办结截止日期等。

在充分理解需求的基础上，为了提高处置效率和方便警员操作，专门针对发生的网络安全事件进行应急处置工作；分析总结网络安全事件成因，修复管理或技术隐患；形成安全事件高效率下发、处置，并对安全事件处理全过程、结果进行记录和管理，支持对安全威胁的录入、修改、删除操作，并标注热点事件，支持按预警等级、发现时间、单位、区域、热点、处置情况进行组合查询。

7. 安全编排

将客户不同的系统或一个系统内部不同组件的安全能力通过可编程接口（API）和人工检查点，按照一定的逻辑关系组合到一起，用以完成某个特定的安全操作，达到安全编排的效果。同时，通过可视化的剧本编辑器自定义编排安全操作的流程来实现自动化执行、人工编排及部分化（混合）编排。

3.3.3 数据层

1. 数据源

数据源包括各类安全系统/模块等产生的告警数据、与安全相关的审计日志、安全取证的证据日志/文件、安全配置策略等数据，以及基础数据、知识数据等。主要接入的数据包括安全基础设施、网络、终端、云平台、边界和业务应用等关键部位的相关数据。标准化数据如表3-2所示。

表3-2 标准化数据

数据源	数据量	处理实时性	数据类别	存储方式
网络设备	大	低	路由器日志、交换机日志等	分布式文件存储 分布式全文检索
安全设备	大	低	防火墙日志、IDS/IPS 日志、DDoS 日志、VPN日志、WAF日志	分布式文件存储 分布式全文检索
服务器	大	低	登录日志、运行日志、状态数据、访问日志、中间件日志等	分布式文件存储 分布式全文检索
应用系统	大	低	数据库审计系统数据、挂马检测系统数据等	分布式文件存储 分布式全文检索
业务系统	中	低	基础类数据（如用户数据、资产数据等）、场景分析结果数据、业务数据（如安全评估与检测平台的漏洞扫描结果、管理合规结果）等	分布式文件存储 分布式全文检索
流量数据	大	高	原始数据包、Flow数据等	分布式文件存储 分布式消息总线

2. 数据接入

数据接入主要设计针对安全应用所需数据的采集或接入功能，形成统一的安全基础数据资源，为后续安全应用的开发和运行提供数据支撑。主要包含安全数据探查、安全数据定义、安全数据读取和安全数据对账四个数据接入流程，分别实现认识数据、元数据结构定义、获取数据、数据质量核对校验功能。

3. 数据处理

数据处理模块按照数据接入阶段对安全数据的定义，在数据入库之前对杂乱的安全数据进行实时处理，提升数据价值密度，为安全数据应用实现数据增值、数据准备和数据抽象。主要对采集到的数据实施清洗/过滤、标准化、关联补齐、添加标签等处理，并将标准数据加载到数据存储中，对于被标准化的数据应保存原始日志。

4. 数据治理

安全数据治理模块作为安全大数据的核心功能之一，可以运行大数据分析平台中的所有组件，实现 B/S 架构下的全功能 Web 页面操作。数据治理平台的整体逻辑框架如图 3-3 所示，首先通过数据集成工具从数据源采集并获取数据，在数据仓库里实现建立目录、主题、索引的存储，然后通过 WebService 接口调用仓库中存储的数据，构建并部署上层应用。

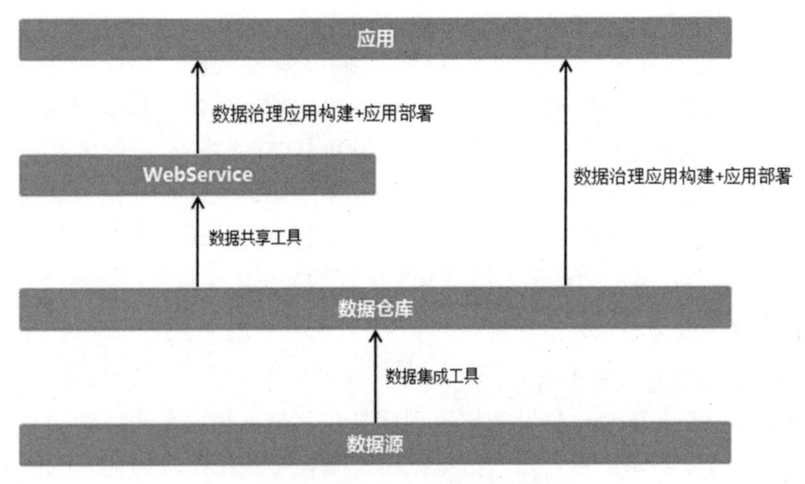

图 3-3　数据治理平台的整体逻辑框架

5. 数据查询服务

数据查询服务提供安全数据的查询和管理能力，包括原始库、资源库、主题库、业务库、知识库，以及元数据、数据资源目录等数据。安全数据查询服务提供安全数据资源情况的查询接口，应用和程序可以通过统一的接口访问和查询权限范围内的安全数据；提供基于分布式存储的各类结构化和非结构化安全数据的多种查询接口，并提供全文检索功能。

安全数据查询服务支持精确查询、模糊查询、分类查询、组合查询、批量查询等多种查询方式，并支持返回数据统计汇总信息及数据摘要或明确信息。

3.3.4 基础层

1. 物联网安全技术体系

物联网终端遍布于IT基础设施当中，尤其是监控设备、在线物联网设备等智能设备，这就决定了其通常有分散化、规模庞大、边界模糊等特点，极易受到黑客攻击和利用。因此，在安全方面的风险存在多个方面。我们必须从物联网终端自身的全面安全加固、准入严格管控及安全实时监测三个方面保障物联网终端的安全。

（1）物联网终端全面安全加固。对于新接入的视频摄像头，优先选用符合国家安全标准的前端设备。同时，针对物联网终端的脆弱性，在安全运营的过程中，通过在终端设备中嵌入加固软件，对终端系统控制的动作指令和读写状态进行监控，建立进程、网络、文件关系分析模型，对内部数据的关系和完整性进行安全防护，并实现终端数据安全加密，将终端的安全风险和数据上传至安全运营中心，让中心的物联网态势感知平台实时监控各终端的安全状态。

（2）终端准入严格管控。针对物联网终端的接入，确保仅有认证授权通过的、合法的终端能够接入网络。通过部署在网络边界的安全网关与物联网安全监测平台对发现的非法接入、非法替换等威胁行为进行联动，运营中心一线安全运营人员7×24 小时随时对白名单资产进行放行，对黑名单资产进行阻断，以此保障只有认证通过的合法授权终端、授权允许的协议流量才能通过该设备，其他流量全部被阻断，从而保障物联网终端的合法、安全接入。

（3）终端安全实时监测。安全运营中心实时或周期性地对视频监控网进行安全摸底检查，从网络资产快速摸底、设备弱口令、漏洞检测及网络边界检测等几个方面，对网络进行快速的扫描检测，及时发现存在的各类安全隐患，全面摸清视频监控网的安全现状，排查并督促整改重要网络安全隐患、安全风险和突出问题，掌握公共安全视频监控网整体网络安全态势，从而防止重大网络安全事件的发生。

2. 云计算环境安全技术体系

1）态势感知与安全运营平台

态势感知与安全运营平台建设的核心目标是在基础架构安全和被动安全防御体系的基础上构建积极安全防御体系。以大数据采集及安全分析挖掘能力为基础，通过安全运营实现对威胁可视化展现、提前感知、分析研判、快速响应和追踪溯源。积极安全防御体系构建必须以基础架构安全体系和被动安全防御体系为基础，二者相互依存、相互促进。

整个态势感知与安全运营平台整体建设将从七个方面进行考虑：数据采集与关联分析、数据计算与存储资源、大数据计算与分析能力、威胁情报驱动、基于规则链的自动检测、自动化的告警响应处置、调查分析及安全态势感知。

2）安全接入管控系统建设

安全接入管控系统提供面向社会公众、政府部门工作人员、运维人员的统一身份认证、统一用户管理和统一访问控制服务。

3）云基础架构安全保障体系建设

通过对云平台的安全需求调研分析，建立一整套云平台安全保障体系，在建设过程中一定要遵循国家信息安全等级保护第三级要求和相关安全建设标准规范。云基础架构安全保障体系建设的目的在于，将全面提高信息安全管理水平和控制能力，适应并符合不断发展变化的业务新需求。

整个云基础架构安全保障体系的建设主要从三个方面进行考虑：云基础平台侧安全、云服务客户侧安全和云运维管理侧安全。

3. 大数据安全技术体系

大数据安全可以从多个维度进行考虑：底层基础架构安全、平台安全、数据安全、应用安全、网络通信安全和用户接入访问安全。一些大数据平台共享云计算基础架构，所以底层的基础架构安全可以由云基础架构安全保障体系统一构建。在整个大数据平台安全保障体系内，安全防护首要考虑的就是对平台边界进行安全防护，在外部访问到大数据平台之前，通过平台边界安全检查（大数据平台的首道安全防线），直接暴露在外部。因此，至少需要实施访问控制、接入身份认证、边界入侵防护等安全措施。

4. 应用系统安全技术体系

1）应用系统监测及防护

应用系统作为IT建设的最终交付窗口，其遭受的安全威胁也最为直接。当前主流的应用系统均为B/S架构，所以对于应用系统的安全防护重点在于Web应用安全，包含对Web应用漏洞的全生命周期管理，针对Web漏洞攻击、SQL/XSS攻击、DDoS攻击/CC攻击的防护，针对网站可用性、更新率、挂马暗链、网站敏感词、钓鱼网站的监测及业务审计等内容。中间件和数据库安全可参考业务平台的防护手段，如果有部分APP应用，则需要进行APP加固和源代码审计。

2）应用系统上线前评估

各业务应用系统经过设计、开发，在上线运行前需要开展应用层面的安全评估，主要从代码安全检测、渗透测试、APP安全检测三个方面检测安全设计及代码开发中存在的潜在风险，避免系统“带病”上线运行，从而保障网络整体安全。

5. 安全态势感知技术体系

网络信息安全保障工作内容众多、涉及面较广，其核心是安全运营，为保证安全运营工作的高效开展，需要安全态势感知平台作为工具支撑。通过搜集云平台、电子政务内外网等各个边界的网络流量数据，依托全局日志采集器（主机、网络、平台、安全设备等），汇总整个区域的本地基础数据，将一体化态势感知与安全运营平台相结合，有效开展威胁持续监测、威胁分析研判、事件及时通告、快速响应处置与威胁追踪溯源等关键工作，一体化的态势感知与安全运营平台是区域性安全运营中心的统一监测响应与指挥调度中心。

针对当前国内外严峻的网络安全形势，提出智能网络安全事件分析的需求。为安全运营人员提供简单、实用、高效的安全数据平台，内置重点安全分析场景，重点发现高级别安全攻击、持续型攻击、顽固安全问题，采用大数据技术在更大量数据下以更全面、更透彻的方式分析安全威胁，综合提升安全运营中心应对高级安全威胁、隐蔽安全事件的能力。

建设安全态势要素的输出和整体安全态势可视化感知能力，实现预警通知效果，并对其范围、类型、危害以图形方式展示，为安全分析人员提供直观、强大、清晰的安全威胁预警信息，以及重大问题、事件的整体性报告，为安全运营人员提供可靠的数据支持。

大数据智能安全平台遵循“全面安全数据采集、高质量数据长期存储、数据开放、充分利用信息价值、不断扩充场景”的原则，按照“安全数据集中存储、基于实践开发安全场景”的方式进行建设，定位于为全网络提供安全威胁分析与预警能力、为安全运营中心提供“集中存储、不断扩充”的安全分析能力。

第4章 安全合规管理

本章主要介绍白队任务之一的安全合规管理的相关概念，重点介绍安全合规管理体系中的理念、核心机制、实现要素、应用与价值。接着简要地介绍安全合规管理平台应包含的几种核心功能。除此之外，安全合规管理离不开我国制定的等级保护制度，本章中对比等级保护 1.0 标准与等级保护 2.0 标准的差异，为安全合规管理提供参考。最后，简要介绍在国内较为权威的三项国际安全合规认证。

4.1 背景及定义

4.1.1 定义

简单地说，合规管理就是在一个相对明确的法规、制度和要求下，为达到标准而进行的一系列活动的集合。根据行业地位和企业性质，在国家相关法律法规的指导下，建立自身的合规机制，熟悉安全标准和等级保护 2.0 标准，协助企业规范化工作，配合公安部、工业和信息化部、互联网信息部等国家机关和其他国家单位的检查。在网络安全合规项目实施和检查的过程中，在项目范围、时间、成本“三重约束”下，在满足网络安全合规要求的同时综合权衡多个决策目标，制定最理想的安全方案，实施安全工程是实施此类项目管理所追求的目标。

4.1.2 现状和挑战

长期以来，各行各业都强调规范化管理，使公司自身的发展能够适应时代的需要，从而提高公司抵御风险的能力。近年来，信息产业发展迅速，各企业也更加重视信息化建设，使企业能够利用信息和网络技术提高公司的生产和管理能力。但与此同时，网络黑客和信息泄露也威胁着企业和企业的核心利益。考虑到当今不断变化的威胁环境，公司希望采取积极主动的方法来应对威胁，创建一个持续兼容的环境，并拥有一个快速响应的 IT 运营流程。对此，建设安全合规的管理已成为当务之急。

网络犯罪在频率、影响和复杂性上不断升级，公司（无论大小）和所属行业都受到威胁。数据泄露或网络入侵事件可能会导致公司失去客户、利润和声誉，对运营造成持续损害，并威胁数据完整性。对一些公司来说，这些损失可能是痛苦的，甚至是无法挽回的，所以，企业必须建立以应对当今复杂的威胁形势的安全合规的管理体系。去年和前一年的解决方案需要根据当前的价值主张进行重新评估，而随着价值主张的改进，其中一些技术和供应商的合作关系将继续向前推进。为了生存和提供价值，企业需要做出巨大的变化和适应。

4.2 安全合规管理体系

4.2.1 GRC 理念

GRC 的含义是公司治理、风险管理和合规审查，指以企业的各种经营活动为基础，以战略为中心，以流程为管理基础，通过绩效管理和风险内控管理措施对各项业务管理流程进行管理和控制，确保战略与业务目标的管理方法和工具的统一。现代公司或组织的公司治理、风险管理和合规审查往往被视为一个全面的整体。在实际的经营活动中，GRC 包括许多相关的交叉行为，如内部审计、SOX 等监管审查、企业风险管理、操作风险、事故管理等。GRC 理念如图 4-1 所示，主要包括以下三点内容。

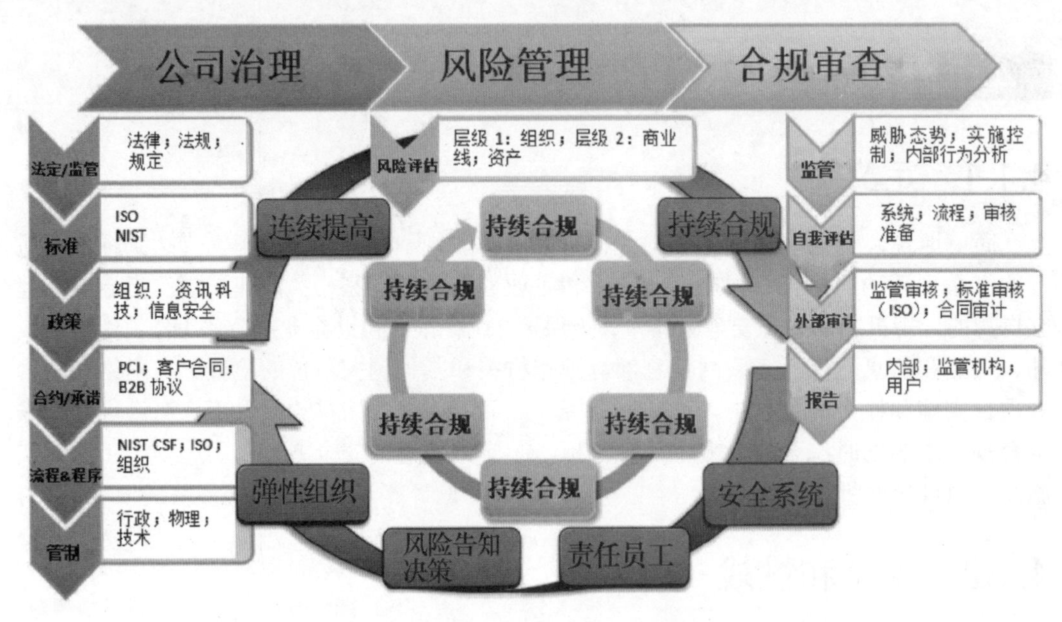

图 4-1　GRC 理念

（1）公司治理：由高级管理人员负责，侧重于在本组织内创造透明度，并通过一种机制确保本组织所有成员遵守既定的程序和政策。适当的治理策略可以监控和记录当前的业务活动，采取步骤并确保步骤符合既定的策略，在出现误解或不符合时提供纠正措施。

（2）风险管理：组织识别潜在风险，根据组织的经营目标对风险进行优先级排序，并判断其抗风险能力的过程。风险管理通过组织的内部控制来管理和降低风险。

（3）合规审查：指通过记录和测试控制项目，确认其符合法律要求、行业规范和组织内部政策。

重要的是，在 GRC 领域如果没有公司治理，那么风险管理和合规审查将毫无用处，可能无法真正实现。同样，如果没有风险管理，合规审查也将变得毫无用处，而且很可能无法实现。这就是为什么这个词缩写为“G”+“R”+“C”而不是其他顺序。公司治理、风险管理和合规审查是高度相关的，它们是处理不同问题的、明显不同的活动，也是处理组织内不同类型的要素。

对 GRC 给出一个精确的定义是非常困难的。根据 GRC 行业分析师迈克尔 • 拉斯穆森（Michael Rasmussen）的说法，准确定义 GRC 的挑战在于构成 GRC 的三个词在组织中都有许多不同的含义，包括：公司治理、IT 治理、财务风险、战略风险、运营风险、IT 风险、公司规范、SOX 法案、劳动法规、隐私法规。

最初对创建 GRC 系统的兴趣来自 SOX 法案，但现在对 GRC 的需求已经发生了变化。GRC 现在被认为是实现企业资源规划（Enterprise Resource Planning，ERP）的一种手段。这尤其代表着从单纯地将风险管理视为一种强制或合规行为，转变为一种被认为可以提高决策和战略规划科学性以增加业务价值的变革。

4.2.2 核心机制

实施安全合规闭环管理不可缺少的管理体系核心机制包括体系策略、管理与实施、安全检查、整改与跟踪。

（1）体系策略：在安全管理体系建设阶段，要对安全体系进行协调和系统管理，全面把握体系建设的全貌，有效地警示体系的缺失和盲点。

（2）管理与实施：在安全管理体系实施阶段，对企业各责任部门、岗位和人员明确落实安全管控要求。在实施管理和控制要求时，可告知特定的管理人员，并进行定期提醒。

（3）安全检查：安全管理体系检查阶段促进安全检查标准化、统一化、平台化的实施，有助于及时发现安全管理和控制的薄弱环节，并对隐患的整改过程进行有效的预警和跟踪。

（4）整改与跟踪：在安全管理体系评价阶段，搜集、分析安全检查结果，跟踪整改结果，评价安全管控水平，通过统计视图展示安全合规的总体情况，并获取可视化的安全决策信息，为未来的网络安全建设方向提供支持。机构战略和控制实施与 GRC 中的“G”相对应，前者是网络安全治理的基础和实施指导，后者是治理需求在具体实施层面的事实和实施；安全检查对应“R”，检查网络安全治理要求的执行情况和风险规避程度；合规性评估对应 GRC 中的“C”，评估网络安全控制措施的内外合规程度，指导未来的改进方向。

4.2.3 实现要素

企业任何业务的有效运作都离不开人、过程和技术的有机结合。因此，一个成熟的安全合规管理体系，人员、流程和技术也构成了其实现的要素。在安全合规管理中，“人”是企业的安全组织；“技术”是指安全矩阵，它是支持安全管理、安全检查、合规评估实施的知识库；“流程”是指网络安全合规管理平台，将系统管理、控制实施、安全检查、合规评估、整改等安全管理流程固化到平台中，提供高效、精简的管理。

1. 安全组织

安全组织由三级人员组成：安全决策层、安全管理层和安全执行层。

（1）安全决策层负责制定公司网络安全目标，全面掌握网络安全管理和风险水平，部署网络安全，完善建设方向。

（2）安全管理层负责制定和审核网络安全体系规章制度，制定网络安全控制要求、执行标准和检查依据，监督安全问题整改的实施。

（3）安全执行层主要负责按照要求落实公司各项管控要求，确保网络安全工作落实到岗位，完成问题区域整改。

2. 安全矩阵

安全合规管理的核心是建立安全矩阵，系统梳理内外部安全合规要求，建立安全矩阵框架，包括控制矩阵、检查矩阵、对应矩阵、资产矩阵。

（1）控制矩阵主要提供网络安全的各种管理和控制要求，并指导实施人员实施。其关键属性包括控制点描述、控制域、控制类型和控制频率。

（2）检查矩阵主要提供控制矩阵中每个控制点的实现。它规定了检查标准和具体的检查步骤，以指导检查人员进行安全检查。其关键属性包括检查点描述、检查方法、检查步骤、检查点的固有严重性、执行建议、控制点编号、资产类型。

（3）对应矩阵主要提供企业内部安全体系与安全控制矩阵的对应关系，以便满足相应的查询和分析需求；提供外部安全监管规范要求与安全控制矩阵的对应关系，便于分析当前控制矩阵是否完全满足外部监管机构的监管要求。其关键属性主要包括内部系统、外部规范控制要求编号和控制点编号。

（4）资产矩阵主要提供安全资产的定义、分类、管理和查询；为控制点提供统一的资产数据接口，进行管理、网络安全检查、网络安全合规和风险评估。其关键属性主要包括资产编号、部门、资产所有者、资产类型和资产重要性级别。

3. 网络安全合规管理平台

在建立了全面的企业级安全组织和安全矩阵后，为了能够有效地实施安全合规的闭环管理，需要构建安全合规管理平台，以支持各种安全管理的平台化管理和管理过程的实施。从业务角度来看，安全合规管理平台需要实现以下功能要求。

（1）企业各类安全管理工作要求结构合理，易于维护。

（2）企业中的任何人都可以通过该平台了解企业对本单位甚至是单位自身提出的网络安全工作要求。

（3）企业各级部门通过本平台明确本部门的安全工作目标，各级安全管理部门可以利用本平台对企业各组织、各系统的安全管理工作进行检查、评价和整改指导。

（4）企业各级安全管理部门可以利用该平台进行安全风险分析和量化评估。

4.2.4 应用与价值

构建安全合规管理平台，实现安全合规管理系统具有重要的价值。

（1）提高安全管理的统一性和有效性。集中管理分散的安全系统，形成以安全合规矩阵为核心、在全公司普遍适用的标杆管理框架。通过平台对制度体系的整合，可以随时随地对安全体系进行查询、分析和基准测试，也更加方便制度体系的更新和维护。同时，公司为整个企业建立了标准的安全合规管理体系框架，通过平台统一对公司总部和子公司进行安全控制实施、检查和评估，有效避免了实际实施中的差异。

（2）实现安全合规控制实施的规范化、流程化。通过安全合规管理平台整合安全合规管理流程和安全矩阵，包括控制实施方式、控制执行频率、控制岗位、控制关联资产配置等信息，指导具体IT人员落实安全管理控制工作要求。通过实施过程的实施，将安全管理和控制要求落实到个人，以确保管理要求能够得到有效的实施，或结合安全控制要求的执行频率，定期向高管发出日常提醒，促进合规管理和执行的规范化。

（3）提高安全合规检查效率。通过整合标准化检验工具、遵循标准化检验要求和程序，大大降低了人工检验的成本，避免了检验过程中标准不一致、质量参差不齐的问题。针对不同的检验需求，可以通过平台轻松制定有针对性的检验计划。针对新的内外部安全监管要求，可以及时、方便地将相应的检查内容和要求更新并添加到平台中，确保与外部监管要求的一致性和有效性。同时，对于检查中发现的问题，平台可以提供流程整改任务，下达工单，交由安全管理人员进行整改，并限定时间，结合提醒机制，通过平台对整改流程进行有效跟踪，确保安全问题得到及时整改。

（4）提高安全合规量化评价水平和决策支持能力。建立统一的安全量化评价体系和标准，并固化为平台，实现安全合规等级的量化管理，结合平台的数据处理和分析能力，提供多维、直观的安全合规管理和风险视图。执行层可以根据部门、省市公司、IT或业务流程、资产、外部合规要求等不同维度获取统计分析信息，为持续改进安全合规工作提供充分的信息。通过统计结果，管理层可以直观地掌握企业整体安全管控水平的总体情况和当前面临的主要风险，为决策提供有力的数据支持。

4.3 安全合规管理平台建设

为了有效地解决当前安全合规面临的问题和挑战，未来的合规平台将通过系统管理、安全矩阵管理、执行管理、合规检查、合规风险评估等功能模块实施和支持安全合规，监管生命周期过程管理。其中，平台的核心功能主要包括以下几个方面。

（1）安全矩阵管理。该功能模块主要提供安全矩阵的导入、导出、维护管理、关联查询、版本管理、分级管理等功能，支持适用于各级公司安全矩阵的统一发布和管理，提供整个企业安全管理和控制的统一标准。

（2）执行管理。本功能模块主要提供执行任务分配、执行人变更管理、控制执行提醒、控制执行查询等功能，确保控制点、检查点的具体执行要求落实到具体的控制点执行人员。对于周期性执行的控制点，通过平台定期向执行人员发出提醒，督促其按时完成控制点执行要求。

（3）合规检查。本功能模块主要提供检验计划管理、手工检验管理、自动检验管理等功能，完成安全检查计划的制定、人工检查和自动检查的过程管理、在线记录或自动生成相应的安全检查结果。

（4）合规风险评估。该功能模块主要提供基于安全检查结果的定量合规评估、风险评估和综合评估功能。合规性评价主要是根据检查点的统计结果得出满足检查要求的控制点比例，主要反映控制点实施的工作量。风险评价主要针对不符合的控制点，根据控制点的实际实施情况分析得出控制点的潜在风险及其影响程度。综合评价主要依据合规性评价结果和不合规控制点风险，综合给出合规性控制工作的完成效果，便于横向比较。

4.4 等级保护制度

4.4.1 等级保护 1.0 标准到等级保护 2.0 标准的变化

2019 年 5 月 13 日下午，国家标准新闻发布会在市场监管总局马甸办公区新闻发布厅召开，网络安全等级保护制度 2.0 标准正式发布，实施时间为 2019 年 12 月 1 日。《中华人民共和国网络安全法》颁布后，等级保护进入 2.0 时代，这意味着四部门 2007 年建立的信息安全等级保护体系已全面升级为网络安全等级保护 2.0 标准的体系。网络安全战略规划目标如图 4-2 所示。网络安全等级保护是国家网络安全保障的基本制度、基本策略和基本方法。实施网络安全等级保护是保护信息技术发展和维护网络安全的根本保证，是国家网络安全保护意志的体现。

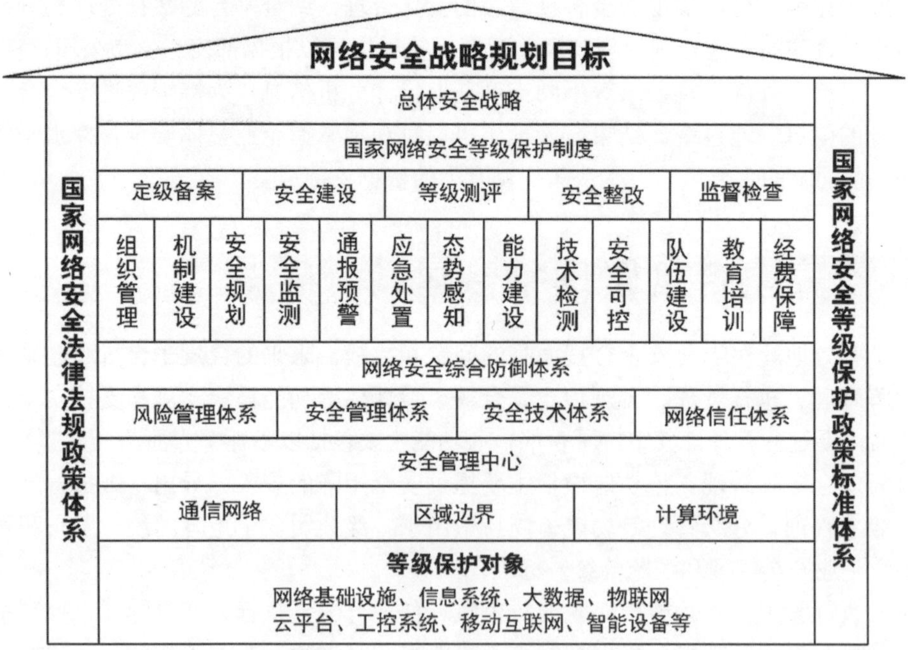

图 4-2 网络安全战略规划目标

1. 标准要求的变化

等级保护 1.0 标准主要强调物理安全、网络安全、主机安全、应用安全、数据安全及备份恢复等一般要求，而等级保护 2.0 标准在优化了等级保护 1.0 标准的基本要求的同时，针对云计算和物联网、移动互联网、工业控制、大数据等新技术对安全扩展提出了新的要求。等级保护标准要求变化详情如图 4-3 所示。

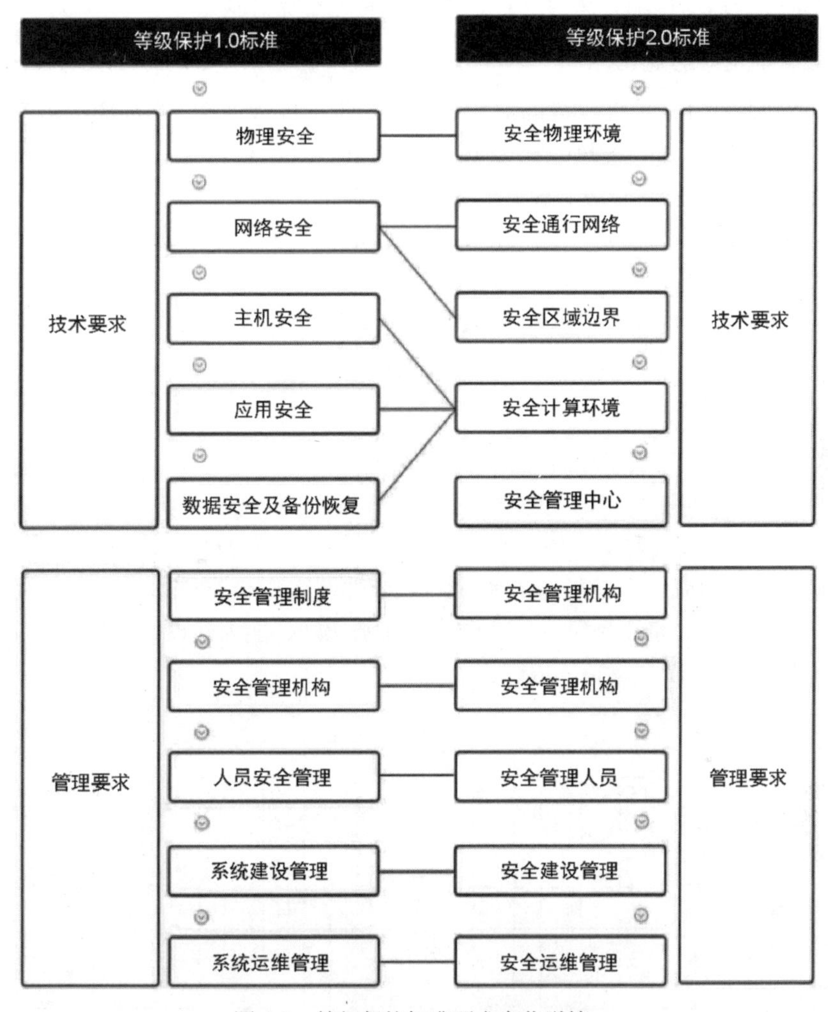

图 4-3 等级保护标准要求变化详情

安全通用要求是指无论保护对象的级别如何都必须满足的要求；安全扩展要求是针对特殊技术场景的特殊保护要求。使用新技术的信息系统需要同时满足一般安全要求和新技术的安全扩展要求。

示例：云计算扩展需求

云计算技术的普及解决了传统数据中心存储困难、资源占用大、成本高等问题。随之而来的安全风险也非常严重，主要风险来自系统和数据所有权的转移、新技术及虚拟环境等新模型这两个方面。等级保护 2.0 标准从原则、自我防护、供应能力三个方面提出以下要求。

（1）原则要求。云计算平台不应承担高于其安全防护水平的业务应用系统；云计算基础设施应设在中国；云服务客户数据、用户个人信息等如需出境，应遵守国家有关规定。

（2）自我防护要求。能够检测云服务客户发起的网络攻击，并能记录攻击类型、攻击时间、攻击流量等；能够检测虚拟机之间的资源隔离故障并发出告警。

（3）供应能力要求。实现不同云服务客户虚拟网络之间的隔离，能够根据云服务客户的业务需求提供通信传输、边界保护、入侵防御等安全机制。

2. 等级保护定级的变化

首先，等级保护 1.0 标准评级的对象是信息系统。等级保护 2.0 标准的对象扩展到基础信息网络、云计算平台、物联网、工业控制系统、使用移动互联网技术的网络和大数据平台，覆盖范围更广。

其次，该系统被破坏后，对公民、法人和其他组织的合法权益造成特别严重的损害的事件由原来的最大级别为第二级被更改为最大级别为第三级。

最后，等级保护 2.0 标准不再强调独立评分，而是强调合理评分。系统分级必须经专家和主管部门审查后才能向公安机关备案。

3. 安全体系的变化

等级保护 2.0 标准仍然遵循等级保护 1.0 标准中“一个中心，三重保障”的理念，但从等级保护 1.0 标准的被动防御保障体系转变为事前预防、事中响应、事后审计的动态保障体系，并具有多级系统安全保护环境，如图 4-4 所示。通过建立安全技术体系和安全管理体系，建立具有相应安全防护能力水平的综合性网络安全防御体系，包括组织管理、机制建设、安全规划、通知预警、应急响应、态势感知、能力建设、监督检查、技术检查、队伍建设、教育培训、资金支持等内容。

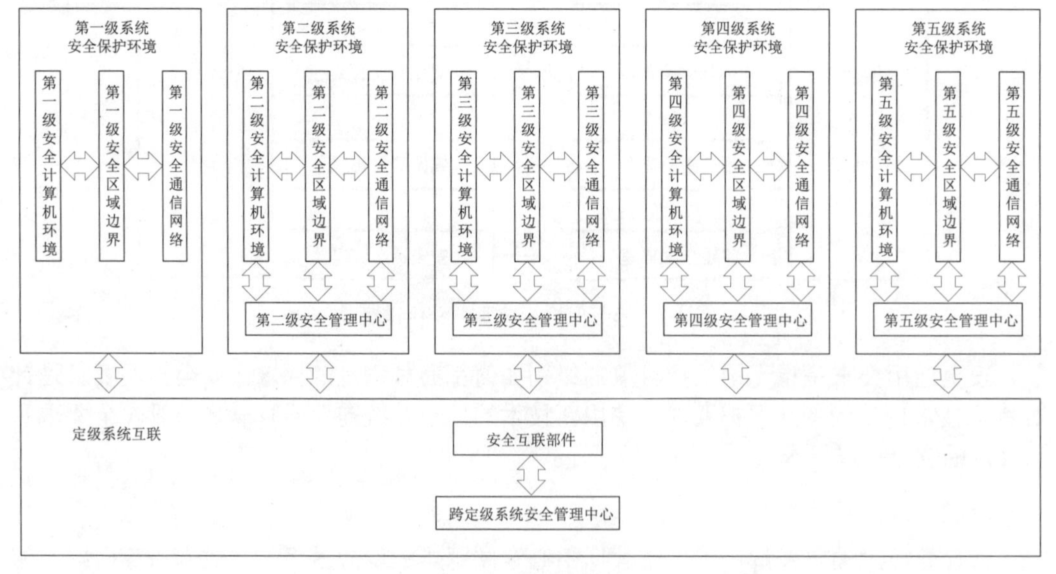

图 4-4　安全保障体系

4.4.2 威胁情报检测系统

等级保护 2.0 标准提出了创建“威胁情报检测系统”和“威胁情报数据库”的要求。威胁情报检测系统是一种实时监测和分析网络流量和终端的网络安全基础设施，应用威胁智能、机器学习等技术及沙盒检测方法，发现隐藏在海量流量和终端日志中的可疑活动和安全威胁，帮助企业安全团队准确检测丢失的主机，跟踪攻击链，定位当前攻击阶段，防止攻击者进一步破坏系统或窃取数据。威胁情报检测系统已被证明在日常安全行动和保险活动中发挥着关键作用。

从系统结构上来看，与传统的基于规则的检测系统相比，威胁情报检测系统发生了很大的变化，它至少包含以下七个模块。

（1）全流量日志、文件提取和告警 pcap 存储模块：具备全流量协议还原、网络流量日志和文件提取、所有告警和可疑网络行为的 pcap 存储、后续分析，以及对机器网络行为进行深入分析的可视化能力。

（2）威胁情报检测模块：对最新的专业威胁情报数据进行分钟级同步，用于实时进行流量检测，该情报包不仅包含基本的崩溃指标 IOC，还包含黑客集团的情报信息。

（3）机器学习模型检测模块：应用各种机器学习算法检测传统的统计规则和威胁情报无法发现的网络威胁，如数据盗窃、隧道通信、DGA 域名等。

（4）恶意文件检测引擎模块：对从流量中提取的文件应用本地文件检测引擎进行高效的恶意文件识别。

（5）沙盒检测模块：利用本地或云沙盒技术确定本地可疑文件。

（6）内网横向移动检测模块：支持访问内网流量，发现内部横向移动行为。

（7）攻击链回顾分析模块：发现的各类威胁告警，可根据攻击链进行关联，并能完整追溯攻击过程。

从功能上来看，威胁情报检测系统需要具备以下特点。

1）快速发现威胁，准确定位受控主机

传统的边境保护装置在抵御共同威胁方面发挥了重要作用，但它们不能防止所有攻击。威胁情报检测系统的主要作用是以威胁情报为基础，补充传统边防装备在防御中缺失的环节，发挥关键的“指挥控制”“横向移动”和“行动数据盗窃”作用，快速检测到持续存在的威胁，并结合流量和终端监控，快速、准确地定位被控制主机。

2）跟踪攻击链的全过程，及时发现数据被盗和破坏系统的行为

威胁情报检测系统的核心能力是应用多种检测机制发现和访问出站网络流量中的远程控制服务器。检测机制包括使用远程控制型智能指标、木马协议分析特征分析、恶意样本检测引擎、沙盒动态行为识别、基于深度学习算法的 DGA 检测、DNS 隧道检测方法。利用上述检测方法，不仅可以定位充电的内部机器，还可以跟踪各个阶段的网络威胁，及时发现暴力猜测、水平移动、外联 C&C 等恶意行为，检测数据被盗及对系统和服务的破坏等恶意行为。

4.5 国际安全合规认证

4.5.1 ISO 27001

ISO 27001 是国际上广泛接受和应用的信息安全管理体系认证标准。该标准以风险管理为核心，通过定期评估风险和相应的控制措施，有效保证了组织信息安全管理体系的持续运行。

信息安全管理要求的 ISO/IEC 27001 原为英国 BS 7799 标准，由英国标准协会（BSI）于 1995 年 2 月提出，1995 年 5 月修订。英国标准协会在 1999 年再次修订了该标准。BS 7799 分为两部分：BS 7799-1《信息安全管理实施细则》、BS 7799-2《信息安全管理系统规范》。第一部分为信息安全管理提供建议，供负责在其组织中启动、实施或维护安全的人员使用；第二部分描述了建立、实施和记录信息安全管理系统（ISMS）的要求，并提供了需求组织应执行安全控制的要求。

该标准的主要内容有：ISO/IEC 17799—2000（BS 7799-1）提出了信息安全管理建议，供组织内负责发起、实施或维护安全的人员使用。该标准为开发组织的安全标准和有效的安全管理实践提供了公共基础，并为组织之间的交互提供了信任。

该标准规定，“信息是一种资产，与其他重要的商业资产一样”。它对一个组织很有价值，需要得到适当的保护。信息安全防范信息的各种威胁，保证业务的连续性，降低企业损失风险，最大限度地提高投资回报和商机。

4.5.2 ISO 20000

ISO 20000 是一个面向组织的 IT 服务管理标准。其目的是为建立、实施、操作、监控、审查、维护和改进 IT 服务管理系统（ITSM）提供一个模型。IT 服务管理系统的建立已成为各组织，特别是金融机构、电信、高新技术产业管理运营风险不可或缺的重要机制。ISO 20000 允许 IT 经理有一个管理 IT 服务的参考框架，并且良好的 IT 管理水平可以通过认证来证明。

ISO 20000 标准通过“IT 服务标准化”来管理 IT 问题，即对 IT 问题进行分类，识别问题的内部联系，然后根据服务水平协议进行规划、实施和监控，并强调与客户的沟通。该标准还关注系统的能力、管理水平、财务预算、软件控制及系统变更时所需的分配。

4.5.3 CSA-STAR

CSA-STAR 认证是由英国标准协会和国际云安全联盟（CSA）共同发起的一个全新且有针对性的国际专业认证项目，主要用来应对与云安全相关的问题。

云安全国际认证（CSA-STAR）以 ISO/IEC 27001 认证为基础，结合云安全控制矩阵 CCM 的要求，采用 BSI 提供的成熟度模型和评估方法，与所有提供和使用云计算的组织及利益相关者进行沟通；从五个维度进行监控和测量，全面评估组织的云安全管理和技术能力，最后给出独立的第三方外部审计结论。

第5章 资产管理

资产管理作为白队的重点任务之一将在本章做详细的介绍。尽管资产管理对于企业来讲是不可或缺的，但目前国内外企业资产管理的现状仍不容乐观，还存在许多问题，本章就这一现象从四个方面来介绍资产管理。

5.1 背景及定义

5.1.1 背景

新技术在为企业创新和成长提供平台的同时，也为其带来了新的风险，风险之一就是网络安全。例如，2017 年 5 月的佩蒂亚勒索软件攻击影响了全球 20 多万个系统。一个月后，佩蒂亚勒索软件攻击迅速展开，这次攻击的“震中”在乌克兰，且造成了广泛的破坏。

在全球范围内，目前估计网络犯罪每年造成的经济损失达 4000 亿美元，这意味着网络风险是企业在进行弹性和连续性规划时必须考虑的首要问题之一。使网络风险如此难以应对的原因之一是数字空间的快速变化。由于新的网络威胁不断出现，企业必须不断监测事态发展，并确保其安全系统是最新的，以便以更有效的方式保护自己免受网络攻击。

网络安全是关于 IT 资产的。当公司遭到黑客攻击时，网络攻击者的切入点主要是网络、硬件和软件，这些都是公司的 IT 资产。企业是由桌面设备、服务器、移动设备、网络组成的，可能在不同的地理位置由不同的人操作。企业需要考虑，是否对整个 IT 资产管理环境有一个端到端的视图；企业的业务流程是否已经到位，可以帮助管理员控制这些设备上的内容，并且允许为不同类别的用户提供相应级别的权限。

由于资产管理在组织内部通常面临资金不足且管理不足的问题，而且责任由不同的部门分担，这样设计不当的资产管理项目是造成资产管理在面对网络攻击时展现出脆弱性的重要原因。

5.1.2 定义

在公司财务中，资产管理是确保公司的有形资产和无形资产得到维护、核算和管理的过程。其中资产信息与人力、物力、财力和场地等资源相结合，通过有效的管理可以实现高效的资产管理和企业运营。一些厂商从厂商功能的角度关注纯粹的管理，如网管系统 IT 资产管理模块；一些网络安全公司推出的资产管理产品增加了信息安全的内容，如资产变动报告等，可以防止信息随附和资产泄露，如防御者资产管理系统在防御者信息安全系列中产生的E-Tone，以及管理IT资产的物理位置，如所在房间、机房、机柜等。

根据国际资产管理协会的说法，资产管理是一组业务实践，它整合了组织内各业务部门的资产。它与财务、库存、合同和风险管理责任一起管理这些资产的整个生命周期，包括战术和战略决策。资产包括在业务环境中找到的软件和硬件的所有元素。

信息技术资产管理即是利用元数据和电子记录有效地跟踪和分类本组织的资产。元数据是对有形或数字资产及为资产管理决策提供信息所需的任何辅助信息的描述。元数据深度可以根据组织的需要而发生变化。

5.1.3 重要性

随着技术的发展，互联网在线业务变得越来越复杂，越来越多的设备、系统和服务迁移到云上，形成一个开放或半开放的平台。与此同时，越来越多的安全问题也逐渐暴露出来。全球范围内目前普遍存在的漏洞呈现爆炸性增长趋势，在安全形势日益严峻的情况下，对公共组件的攻击达到了前所未有的规模，互联网资产管理和安全保护问题更加紧迫。

网络空间作为继陆、海、空、天之后的“第五疆域”，已成为世界各国竞争的战略重点。中国已经成为互联网大国，智慧城市、数字中国、“互联网+”等技术浪潮正在改变人们传统的生产和生活方式。网络安全也成为关系国家安全、国家发展和广大人民群众工作生活的重大战略问题。

5.2 资产管理现状

5.2.1 网络数字资产的主要构成

许多网络安全人员最紧张的莫过于突如其来的“黑客事件”，尤其是在面对那些正在爆发且愈演愈烈的黑客攻击时，各类网络安全人员无疑会高度警觉并时刻关注。通过对安全攻击事件的持续跟踪和分析发现，从安全攻击的目标行业来看，在过去三年的400多起攻击中，教育行业占55%，政府行业占43%。2018年，政府行业占14%，教育行业占19%，企业占49%。

进一步研究发现，这些未知资产的主要构成如下。

（1）高端口资产占10%（已进行端口转换的资产）：高端口是进行端口转换的防火墙或业务系统、网站等。

（2）业务系统占11%：这些业务系统中有些是使用域名访问的，有些是未注册的，如迎宾管理系统、办公自动化系统、用工管理系统，这些业务系统往往都存在问题。

（3）网络设备/网络安全设备占3%：包括机房管理系统、交换机、路由器、网络防火墙、在线行为管理、流量控制设备、计费系统。

（4）中间件占2%：中间件指安装了中间件系统但默认页面可访问的资产。这种类型的默认页面通常会导致信息泄露，并可能导致安全问题。

目前，安全管理和技术手段已经层级化，但仍有大量的未知资产存在，已知资产面对网络攻击的形势不容乐观，这些未知资产的疏漏管理更应引起公司警惕。

5.2.2 七成企业无法保护关键资产

埃森哲最新发布的安全指数显示，当前网络威胁越来越严重，全球 73%的公司无法完全保护其高价值资产和流程。报告显示，全球只有 34%的企业有能力监控其核心业务可能遇到的各种威胁。

埃森哲安全指数的推出是为了衡量当前公司安全措施的有效性和现有网络安全投资的充分性。该指数调查了北美、南美、欧洲和亚太地区 15 个国家和 12 个行业的 2000 家年收入超过 10 亿美元的顶级公司。它们提供业务一致性、网络响应准备、战略威胁情报、网络弹性、投资效率、治理和领导能力，以及生态系统的扩展，通过评估这 7 个安全领域的 33 项网络安全能力，为确定高性能安全性能和企业能否成功实现网络安全先决条件提供新的基准。

在国家层面，英国与法国在本次评价中高居榜首。在 33 个高性能项目中，两国企业平均完成 15 个，高性能项目占 44%。相比之下，西班牙排名垫底，该国只有 22%的项目高效运行，也就是说，33 个项目中只有 7 个项目实现了高性能。

在行业层面，通信公司排名第一，在 11 项能力中表现最佳，包括保护和恢复关键资产（49%）和监控与业务相关的威胁（47%）。银行机构排名第二，其中 8 家表现最佳，包括扩展业务生态系统中的第三方网络安全（44%）和“假设”威胁分析（47%）。高科技公司紧随其后，7 项能力排名最高，包括建立安全意识文化的能力（54%）和从安全事故中恢复的能力（48%）。

5.2.3 资产管理困难

毕马威会计师事务所（KPMG）对在线资源的研究描述了一系列公开报告的网络安全事件，显示了资产管理或其他密切相关的行业所遭受的网络安全事件，并强调绝大多数遭受网络安全威胁的事件都涉及客户数据盗窃或更普遍的数据丢失。

以下是中严重性到高严重性网络安全事件的摘要。

（1）网上经纪：黑客访问了 460 万名客户的个人信息，其中包括客户的联系方式。

（2）某国际化银行的财富管理部门：在雇员偷走大约 73 万个客户账户的数据后被迫支付 100 万美元。

（3）财富管理人员：数千名客户的详细信息被泄露给调查记者，导致大量的新闻报道。

（4）投资公司：一名雇员在钓鱼邮件欺骗后向银行账户转入了 495000 美元。

（5）投资经理：犯罪分子复制名称、标识、地址，并创建多个与高收益资产管理 FRM 外观相似的网站。95 个可疑网站出现在金融行为监管局 2017 年前 9 个月的克隆人警告页面上。

（6）在线经纪人：一名黑客闯入至少四个不同的经纪公司 FRM 进行欺诈性交易，目的是操纵股价，以便从中获利。这次攻击给受害者造成了 100 万美元的损失。

虽然安全风险调查不断加强，但对网络资产安全信息的全面掌控还不够，安全检查仍有许多盲点。系统中一直潜伏着大量的安全漏洞，很难找到问题的根源。资产管理困难主要体现在以下几点：

（1）多业务。业务部门多，导致需求不一致，记事本模式的资产管理方法不能及时跟踪系统变化。

（2）新技术。随着云平台和虚拟化的大量使用，数据中心的变化已经成为常态，没有新的方式来管理资产。

（3）突发性。因一项活动而建立的系统，当活动结束时，系统不会及时返回。

（4）管理员系统。更换管理员时，数据传输不完整，或者多次重复传输，导致系统变成“僵尸”系统。

归根结底，解决上述问题的关键还是要回到对自己的网络资产能否“摸清家底”，能否真正了解、控制、管理、快速定位风险，在萌芽状态下消除威胁。网络资产识别是网络空间治理的基石，只有先迈出这一步才能谈论网络空间的后续治理。

5.3 资产管理

5.3.1 网络安全如何影响资产管理

本节介绍网络安全威胁如何影响资产管理价值链。

（1）网络安全风险可以在整个价值链中体现出来，特别是在窃取客户数据和知识产权及支付欺诈方面存在风险。

（2）鉴于第三方的大量使用和供应商的复杂网络，客户数据由第三方管理员和托管银行进行处理时存在风险。

（3）对基础设施和市场公用设施的使用和依赖有所增加。特别是在整个价值链中，由云服务提供商来支持资产管理的网络安全风险是多方面的。

5.3.2 资产安全管控关键技术

5.3.2.1 资产存活性检测

资产存活性检测用于检测网络中资产的在线状态。资产存活性检测可以采用登录采集法和远程扫描检测法。它可以灵活地根据不同的网络环境选择资产发现方法，找出企业资产的生存状况，从而掌握企业的在线和离线资产。

登录采集法：通过登录业务系统网络，采集路由/交换设备的配置信息，激活网络上的所有设备，汇总采集到的 ARP 表、MAC 表、路由表、接口信息表等信息，形成完整的资产清单，实现 Web 资产的全量发现。

远程扫描检测法：通过向指定 IP 发送检测包，并根据响应确定资产的生存状态，发送的检测包可以是 ARP 包、ICMP 包、TCPSYN/ACK 包、UDP 包、SCTP 包等。

（1）ARP 协议检测：向目标资产发送 ARP 请求包，如果在检测包超时之前接收到目标资产的响应包，则该资产是活动的。

（2）ICMP 协议检测：向目标资产发送 ICMP 请求包，根据响应消息的类型确定资产的活动状态。

（3）TCPSYN/ACK 协议检测：向目标资产发送 TCPSYN/ACK 检测包，如果检测包超时前目标资产的 TCP 响应消息是 RST 包或 SYN/ACK 包，则该资产将继续存在。

（4）UDP 协议检测：向目标资产发送 UDP 检测包，如果在检测包超时之前接收到目标资产的 UDP 响应包，则该资产将继续存在。

（5）SCTP 协议检测：向目标资产发送检测包，如果在检测包超时之前接收到目标资产的 SCTP 响应包，则该资产将继续存在。

5.3.2.2 资产指纹信息识别

在资产存活性检测的基础上，要采集幸存资产的指纹信息，首先需要确定资产的端口开启度，以及端口上运行的具体应用程序及其版本信息，其次检测操作系统，最后确定资产安全基线配置、漏洞并搜集其他信息。指纹信息主要包括以下内容：

（1）开放口岸：资产对外开放的口岸信息。

（2）软件版本：有关资产上运行的软件版本的信息。

（3）操作系统：资产的操作系统类型和版本信息。

（4）安全基线配置：资产配置信息，用于检查是否存在不符合的配置。

（5）网站漏洞：网站漏洞信息，用于检测弱密码和数据库攻击。

（6）系统漏洞：利用资产系统漏洞信息发现潜在漏洞。

资产指纹采集方法主要包括远程检测和登录采集。远程检测方法是通过发送数据包主动检测网络资产，通过返回消息信息来识别资产指纹信息。登录方式是连接网络中的 4A 系统（集成了账户管理、授权管理、认证管理、审计管理等功能的身份和访问管理系统），通过 4A 系统的指令通道获取指纹信息。远程检测可用于未知资产指纹采集，已纳入 4A 系统控制的资产可以使用指令通道直接获取资产指纹信息。

a）远程检测方法：通过向指定 IP 发送检测包，并根据响应判断资产指纹信息，发送的检测包可以是 TCP 包、ICMP 包、UDP 包等。

b）登录采集方法：对于已经纳入 4A 系统控制的资产，可以通过 4A 系统命令通道接口获取资产指纹信息。4A 系统命令通道接口是指为各种维护或管理平台和维护人员开发的自动化程序，其提供的程序调用接口可以解决通过 4A 系统自动访问和访问资源的问题。因此，只需要为指纹信息采集准备一个自动脚本程序，即可通过指令通道提取资产指纹信息。

5.3.2.3 资产安全信息管理

资产安全信息管理主要包括可生存性和安全指纹信息管理。根据网络服务的具体需求，对指定扫描范围内的所有 IP 地址进行周期性的生存检测，找到存活资产，然后获取存活资产的指纹信息。将获取的资产指纹信息与历史资产快照进行对比，查看资产指纹信息是否发生变化，并全面分析资产的安全基线和漏洞。

（1）通过远程扫描定期检测资产库中设备的生存状态。如果设备不在线，则检查设备是否离线，确认离线后更新资产库信息，如果设备非正常离线，则显示资产异常报警；如果发现设备存活，则获取资产指纹信息。

（2）将采集的资产指纹信息与历史资产快照进行比较，查看资产指纹信息是否有变化。如果没有变化，继续定期检测资产库设备的生存状态；如果有任何信息变化，分析变更后的信息是否存在隐藏的安全隐患，并对整个存在的生命周期进行闭环管理，以发现存在的安全隐患。

5.3.3 网络资产管理体系

1. 资产管理关键点

毕马威会计师事务所（KPMG）建议，资产管理公司应专注于以下五个关键领域，以应对网络风险。

（1）所有权。网络安全需要由企业高层拥有。但许多资产管理公司仍然没有首席信息安全官（CISO），而是由资产管理公司管理网络。更多的资产管理公司需要认真考虑任命一名 CISO，由 CISO 直接向首席运营官汇报，在业务和风险之间建立一条清晰的界线。

（2）能力。可能需要新的和改进的网络安全能力，但资产管理公司也希望评估它们目前的网络安全卓越“口袋”，并确保这些最佳做法在整个企业中共享。领先的组织正从确保其现有能力得到充分利用开始做起。

（3）意识。从 C 级开始向下增强意识是关键。特别是资产管理公司需要专注于提高对其第三方供应商生态系统（基金管理人、保管人、平台提供商）的了解，以一致的方式管理其风险。

（4）组织。首席执行官们将需要与他们的商业领袖合作，以了解集中和分散服务的正确平衡，以最适当地应对每个市场的网络风险。为稳健和一致的网络安全创建正确的结构是形成负责任响应的关键。

（5）准备工作。成功启动应对和恢复方案需要实践、承诺和明确的责任线。许多资产管理公司发现，模拟网络事件的“红队”演习给人们敲响了警钟，它促使资产管理公司紧急加强发现和应对攻击的能力。

2. 资产管理架构

网络资产安全管控体系结构可以利用 SDN/NFV 网络的控制和转发平面分离、集中控制、开放可编程等特点，实现统一的安全管控和安全能力重构。利用安全资源虚拟化技术抽象网络中的安全功能，形成满足特定安全需求的安全虚拟机。安全编排和控制器动态地编排安全策略、安全功能和网络流量，在按需部署和动态扩展安全资源的同时实现可重构性，提供满足企业和客户需求的资产安全评估服务。

（1）安全服务。安全服务模块是整个系统的核心，负责处理系统的安全业务逻辑。

（2）安全编排和控制器。负责安全设备策略、安全功能、网络流量的动态管理和编排，通过监控网络设备和安全设备的运行状态搜集相关安全数据。

（3）资产安全管控平台。负责搜集资产指纹信息与日志信息间的关联分析，对发现的安全问题进行全生命周期闭环管理。在安全分析过程中，发现异常情况进行预警，调整安全统筹和调度，调整安全方针。

（4）SDN 控制器。根据业务需求，负责生成和发布各厂商网络或逻辑域内网络的路由、QoS 等策略。

（5）MANO。实现安全资源管理、虚拟化安全网络元素生命周期管理、初始配置。

（6）安全资源池。包含交换机、路由器等安全设备和网络设备。

3. 资产安全评估

下面以漏洞扫描服务为例，简要介绍具体操作流程如下：

（1）申请网络资产所需的漏洞扫描服务，并将漏洞扫描服务任务发送给安全业务流程和控制器。

（2）安全编排和控制器应根据漏洞扫描的资产范围，确定漏洞扫描服务路径经过的所有节点，并将流量调度策略发送给 SDN 控制器，将漏洞扫描设备配置策略发送给 MANO。

（3）通过漏洞扫描服务路径的所有节点，由控制器控制发布 SDN 流表、构造安全服务链。丢失的扫描设备由 MANO 进行初始化操作、安全业务流程梳理和安全策略配置。

（4）执行漏洞扫描服务，并将执行结果和日志信息反馈给资产安全管控平台。由资产安全管控平台进行相关分析和展示，必要时调整安全计划。

5.3.4 资产管理的作用

如果没有坚实的计划和精简的流程，就很难从一个地方跟踪和管理所有的硬件资产、软件资产、虚拟资产和非 IT 资产。资产管理流程的实现可以帮助公司减少额外的维护成本，优化使用许可证，减少未使用的资产数量并降低安全风险，为审计做好准备，提高其他 ITIL 流程的效率，使其有效地帮助采购做决定，制定精确的预算，做更多的事情。

量化未使用的硬件和软件应用程序的总价值，有助于优化资产使用并减少额外的维护成本。此外，还需要识别被盗的硬件和软件应用程序。根据 Gartner 的数据，每年约有 5%的资产被盗。为了尽可能地减少因盗窃而造成的损失，公司应该尽快识别和替换被盗的组件。

除此之外，公司应为未来做好计划。通过评估老化的硬件对 IT 资产的不利影响，可以避免产生重大的损失。这有助于公司决定新的资产购买和处置或修理老化的设备。通过提供有关事件、问题或因更改而受影响的资产的准确信息，为其他 ITIL 资产流程提供支持。这有助于确定事件的影响和进行根本原因分析，通过优化资产使用和控制 IT 资产购买来减少不必要的 IT 支出。

总的来说，关于资产管理可以对企业产生以下作用。

1）发现、管理和跟踪所有硬件资产

通过简单扫描所有 Windows 设备、非窗口设备、VM 和网络设备资产扫描技术获取全面的资产信息，如硬件规范、安装的软件、扫描历史记录、资产所有权历史记录和单一玻璃窗格中的资产状态。建立和维护一个单独的库存来管理所有的非 IT 资产。

2）映射与 CMDB 的资产关系

通过在人员、资产和其他配置项（CI）之间建立关系来创建高度的协同作用。使用预定义和自定义关系类型可以直观地查看资产关系。通过在 CMDB 中构建 IT 基础结构的逻辑模型，启用有效的问题管理和更改管理计划。

3）管理软件，确保软件的符合性

通过监视软件使用情况（未使用、很少使用等）、安装数量、许可证类型、遵从性状态和许可证过期来改进软件治理。

4）跟踪 IT 资产购买和合同

管理完整的生命周期，订购单有系统的审批和交付过程。维护公司拥有所有资产的完整产品目录，并提供价格和保修细节。维护供应商目录，比较不同供应商的价格，并分析采购趋势以利于谈判。跟踪 IT 合同，并提前收到合同到期的通知。

上面讨论的资产管理最佳实践，涵盖了资产管理流程的大部分内容，从检测资产到将资产管理与其他 ITIL 流程集成到持续改进的资产管理。企业需要注意那些独特的优势和一些工具提供的开箱即用的特性，以便在商业竞争中获得优势。

第6章 项目管理

在市场经济环境下，项目管理作为一门实践性管理科学，对企业自身资源的整合和提高资源利用效率具有重要意义。从国内的网络安全现状来看，网络安全产业是需要快速适应客户需求的知识型企业，项目是网络安全企业成长的推动力，良好的项目支撑对于促进企业快速发展具有重要作用。

6.1 项目管理的定义

项目管理是指项目管理者在项目中以专业的知识、技能、工具和方法，在有限的资源条件下对项目进行有效的管理，从而达到或超过设定的需求和期望的过程。项目管理是对一系列与目标相关的活动进行整体检测和管控，包括策划、进度计划和维护组成项目的活动进展。

当企业组织在确定一个项目后，加入该项目会涉及多个部门，如市场部门、财务部门、产品部门等，不同的部门在项目运作的过程中难免会有不同的意见，为了保证项目顺利完成，协调沟通必不可少，但这会影响项目的实施效率并增加项目成本。

采用项目管理的方式即可避免上述问题，将不同部门的成员组织到一个项目中后，由项目经理对这个项目负责。项目经理需要带领整个团队高效优质地完成工作，同时需要确保项目的完成不会超出预算。项目管理者不仅需要参与项目的执行，也需要参与项目的需求制定、项目选择和计划，以及项目的结束。从时间、成本、质量、风险、合同、采购、人力资源等多个方面进行全方位的管理，实现跨部门、跨领域解决复杂的问题，实现高效的运营是安全运营追求的目标。

随着项目管理理论的日益成熟，越来越多的企业已经将项目管理作为公司业务发展的重要手段。企业管理者发现，对项目管理的研究对于企业的管理具有巨大的推动作用。在市场经济下，企业处于激烈的竞争中，项目管理是具有创新性的管理模式，采用项目管理的方法可以提高企业的资源利用效率。同样地，将项目管理的方法应用于网络安全企业，也可以提升网络安全企业的竞争力。

6.2 项目管理过程

项目管理者为了保证项目顺利进行，需要对项目进行有效协调，确保每个使用的过程适当匹配并进行连接。项目管理包含启动、规划、执行、监控和收尾五个过程。

在项目的管理过程中，启动阶段是代表一个新的项目开始，需要确认项目阶段或项目目标，并授权给项目经理来开展项目工作。

项目规划的编制比较复杂，项目规划工作会涉及多个项目管理知识领域。项目规划工作内容要求制定者要有丰富的工程经验，在规划编制的过程中，需要看到后续各阶段输出的文件。计划制定完成后，项目各环节实施进度需要按照计划严格执行。项目实施过程中若出现变更，也是基于计划的不同而产生的。项目的变更控制是参考计划阶段的文件产生的。企业如果为了达到短期内的高回报需求而缩短项目计划编制的时间，可能会引起后期的实施变更频繁，从而导致项目失败。

在项目执行阶段需要占用大量的资源，在这个阶段需要参考上一阶段制定的计划进行，以确保完成在计划阶段内的任务。在项目实施过程中，项目经理需要把项目按照不同的技术方向或按照不同部门功能划分成不同的子项目，让项目成员来完成子项目的工作。项目《任务书》是项目经理在项目开始前需要发给项目成员的内容，以此来确认工作内容、项目的进度、项目的质量标准、项目范围和其他与项目相关的内容。除此之外，项目使用方负责人的联系方式也需要包含在其中。在网络安全项目中，项目实施计划需要执行的内容包括成立项目小组、组织工程协调会、设备交货、到货验收、施工准备、系统实施、系统测试、制定开发测试和修订、文档整理和现场培训、终验、技术支持、培训计划。

项目的监控过程是通过对照项目计划来监视、测量和控制项目绩效。在必要过程中需要采取预防和纠正措施，以实现项目目标。

项目的收尾过程关系着整个项目阶段性的结束，项目的干系人会对项目的成果进行正式接收，使整个项目有条不紊地结束。这其中不仅包含所有可交付的成果，如项目各阶段产生的文档、项目管理过程中的文档，还包括项目相关的各种记录，并且项目需要通过项目审计。

项目的维护期在项目收尾之后，项目的维护是保证整个项目在维护期内都正常运转，目的在于确保项目可以产生效益。

6.3 项目管理在网络安全企业中的应用

6.3.1 网络安全企业应用项目管理的需要及必要性

1. 背景

随着新兴技术的不断发展，网络安全在国家安全、社会经济及其他行业中的影响也越发重要。一方面，在国家层面，与网络安全相关的政策法规日益完善；另一方面，社会对网络安全的推广也日益普及。因此，网络安全产品在加快市场扩张速度的同时，也需要保证项目完成的质量，以满足经济社会发展的需求。

网络安全产业分为安全硬件、安全软件、安全服务等，项目是网络安全企业业务驱动的主要方式之一，项目对网络安全的价值主要有以下几个方面：

首先，项目可以帮助网络安全企业快速发展。网络安全企业是需要快速适应顾客需求的知识型企业，其成长需要项目的支撑，而并非日常的运作，项目是企业利润的重要来源，也是企业发展的主要推动力。

其次，项目可以帮助企业塑造良好的企业安全形象，成功的大型项目运作不仅可以吸引更多的潜在客户，也可以通过宣传帮助企业提升企业形象，是企业的无形资产。

与此同时，项目是帮助网络安全从业者发挥其才能的有效舞台，也是衡量企业管理人员业绩的重要指标，更能帮助技术人员创造价值。技术人员是网络安全企业重要的附加价值，对于企业技术人员而言，稳定的管理岗位不一定适合其发展，但是项目经理这个职位可以实现技术和管理能力的同时成长。

2. 必要性

企业建立项目管理流程取决于项目管理流程能否为企业组织带来效益。如果企业利润的主要来源是项目，那么组织就需要建立专门的项目管理流程。网络安全企业是以项目为基础的企业，其业务主要是为不同的客户指定不同系统的整体安全解决方案。

从网络安全的客户群体来看，网络安全企业的客户主要集中在政府、金融、运营商、教育、医疗等领域，而网络安全企业的业务是为行业客户提供系统整体的安全解决方案。不同的客户其行业属性存在一定的差异，但这些项目的管理也会存在一定的共性。因此，网络安全企业建立正式的管理流程很有必要，而且通过项目的成功管理可以实现企业的整体目标。

项目管理是一种管理的思路和方法，对于企业组织的日常工作，从项目的角度来看也有助于日常各项工作的开展。网络安全企业用项目管理的方式处理工作有以下几个优势：

（1）提升项目的经济效益。企业可持续性发展的前提条件是能够持续盈利，以项目为主要的推动力可以帮助企业通过控制项目成本来高效调配项目资源从而提高项目的生产效率。

（2）以项目管理方式进行交付，可以通过完善项目管理体系增强客户对项目的信心，成功的项目实施可以提高客户对项目甚至是对企业整体的满意度。高质量的项目不仅能创造再次合作的可能性，同时以重要、优质的项目塑造的品牌形象可以为企业创造更大的潜在商机。

（3）通过项目管理的方式能提升项目成员的综合素质，在项目实施过程中对项目成员进行高效的管理，在挖掘项目成员潜力优势的同时，也能为项目成员的技能发展创造机会，有助于创造员工的个人职业价值。整体而言，采用项目管理的方式有利于企业提升整体实力和市场竞争力。

6.3.2 项目管理作为技术与方法在网络安全企业中的应用

6.3.2.1 网络安全企业项目管理基础

网络安全企业项目管理是以美国项目管理协会（Project Management Institute，PMI）的项目管理体系和系统安全工程能力成熟度模型（Systems Security Engineering Capability Maturity Model，SSE-CMM）为基础的，这两种体系对项目管理有极大的支撑作用。

PMI 的项目管理体系将项目划分到范围管理、时间管理、成本管理、质量管理、人力资源管理、风险管理、采购管理、交流管理和整合管理知识领域内。PMI 知识体系为网络安全企业的项目管理提供了方向指引。

SSE-CMM 模型的目标是通过成熟、完善的模型建立可度量的安全工程。SSE-CMM 模型定义了安全工程进程中应有的特点，且以此作为完整的安全工程的前提。其模型对于所有工程活动都进行了清晰明确的定义，能管理、能测量、可控制和有效是模型在项目工程中的明显优势。SSE-CMM 模型及其评定方式汇总了行业内常见的实施方法，为业界提供了完整的标准体系，让项目在软件、硬件系统和其他安全工程项目实施后可获得完整的安全结果。

6.3.2.2 构建网络安全企业项目管理体系

1. 项目管理的目标和原则

网络安全企业构建项目管理体系的主要目标在于提高企业运营效率，明确指定企业运作流程，通过现有的资源为企业创造更高的价值。项目管理是在现有资源的条件下，满足时间、成本和绩效的制约，最终实现最优客户关系的管理过程。

在网络安全企业构建的项目管理流程中需要注意：流程的规范需要灵活调整；项目管理流程在时间和条件的变化中保持更新，确保流程不会影响项目的执行；流程的建立和推广是从上至下的，管理层的支持可以让流程的应用得到广泛的推广和使用。

2. 项目管理中的重点领域

项目管理中需要注意的重点区域有制定项目进度计划、进度计划的选择方式、质量管理计划、项目风险管理、项目沟通管理、项目变更管理。

1）制定项目进度计划

项目计划的制定在于把重点工作在短时间内完成，同时找出多活动进行的方式，以这种方式可以缩短整个项目的时间，合理制定项目计划需要项目经理完成项目工作的分解、建立活动的依赖关系、合理安排好人力资源、资源的依赖关系、重叠工作、进度计算的方法。

完整可靠的计划制定需要项目经理完成以下几个方面的工作：

（1）工作分解结构（Work Breakdown Structure，WBS）。项目经理按照一定的原则将项目分解成一个个任务，再将任务分解为一项项工作，根据项目成员的职责进行工作分配，过程是项目—任务—工作—日常工作。

（2）建立活动的相互依赖性。前面的活动确保完成后，再开启下一步的工作内容。前后活动存在一定的逻辑关系。

（3）安排好适当的人力资源。例如，在安排人员工作的时候，需要考虑人员疾病、项目需要人加入等风险因素。

（4）资源间的相互依赖关系。项目组织的资源总有用完的时候，当和其他项目出现资源冲突时，两个活动都将无法进行。例如，当项目经理需要完成当前项目后才能执行下一个项目则表示资源间具有依赖关系。

（5）工作的重叠。大部分情况是某个项目完成到一定的阶段就可以进行下一个项目了，而不是一定要等到这个项目完成，所以项目中也存在依赖关系。

（6）进度计划计算。可以采用正推计算法和逆推计算法等其他算法。

2）进度计划的选择方式

关键路径法（Critical Path Method，CPM）和计划评审技术（Program Evaluation and Review Technique，PERT）是进度计划选择的两种常用方式。如何选择两种方式进行项目计划的制定，需要看系统集成商对项目的认识程度。如果说当前的项目和以往的项目相同，可以采用 CPM 进行进度计划编制。CPM 的项目时长评估是以历史数据为依据的，会以之前项目活动的平均值为依据。当项目没有历史经验数据，且其估算难度大、可信度不能确定时，可以用 PERT 的方式进行进度计划编制。需要注意的是要以这个活动历时的范围和活动历时在该范围内的概率进行评估，不能假定活动在固定的时间内完成。

3）质量管理计划

项目的后续阶段控制管理和指导的依据是质量计划，正确计划的制定是保障项目后续实施控制的前提条件。在实施前需要针对项目进行精心的策划和周密的计划安排，在项目设计和实施进程中需要充分考虑客户的应用体验，强调项目的质量和效益统一。

4）项目风险管理

项目风险管理需要对大量的风险事件进行管理，在系统集成项目中可能会出现到货延迟或设备模块匹配等问题。将风险事件对项目造成的影响降至最低，是项目风险管理的重要工作。当风险事件无法避免时，需要管理者执行必要的准备措施进行规避，将风险对项目的目标影响降至客户可以接受的程度。

5）项目沟通管理

在项目实施过程中，需要以项目经理为中心，实现全面有效的管理。沟通的内容包含项目经理需要从头到尾把控整个项目，是信息的搜集和传递者；项目经理需要了解项目的相关人员，把项目信息传递给组员；项目经理需要定期组织项目领导小组和监管方召开会议；项目经理需要定期召集组员召开会议，解决项目中遇到的问题；销售和客户需要保持沟通并接受客户反馈的建议。

6）项目变更管理

项目实施过程中，必然会面临各种问题，变更控制关系项目的成功，项目变更策略制定的目的是明确项目变更流程、保证变更得到有效控制。项目变更流程适用于项目实施过程中的各种变更，包括计划变更、需求变更、人员变更和费用变更。项目经理需要掌握项目变更的情况，对于影响到客户的变更需要得到客户的确认后才能发起，对于变更的结果需要客户在《需求变更确认表》上签字。

3. 项目实施的具体流程和方法

网络安全企业的项目工程实施通常是从项目合同正式签订后开始，主要包括前期准备阶段、实施阶段、试运行阶段、验收阶段和售后维护阶段。

1）前期准备阶段

在项目小组成立到项目组实施阶段，包含的工作有计划、勘察、工作文档制定和培训。在计划过程中，项目工程的甲乙双方需要审查合同、方案等，发现问题及时反馈并相互协调。当出现不能确定的因素时，需要以书面报告的方式上报相关部门和领导。针对重要问题需要进行记录并反馈在项目协调会备忘录中；勘察过程中需要对项目的施工现场进行勘察，根据现场的情况，甲方在实施条件或实施环境中需要改进的地方，需要乙方反馈相关实施技术参数和环境要求，甲方需要根据要求实施条件和环境的改进；文档制定需要具体到每个人，文档制定完成后反馈给项目技术顾问进行审核；培训部分需要按照合同内容协调客户及产品供应商，对使用安全产品的甲方工作人员进行培训。

2）实施阶段

实施阶段主要是指从项目工程实施到项目工程结束期间，工程施工需要按照计划进行，当不能及时完成时需要通知项目总负责人并说明具体原因，反馈在《项目变更通知》中。项目组需要在《工程开工通知》中说明要求的时间到指定的地点按照《工程实施计划》进行施工。在子系统实施前提交实施通知单，之后再通知客户相关的注意事项。甲方和相关部门进行不定期的项目进度和质量检查。项目实施阶段需要协调各方会议，并形成项目协调会议记录。施工期间关于设备的账号、口令等需求，需要在项目的总负责人同意后和数据中心签订移交记录，口令的归还需要双方签字确认，口令及时归还也需要做记录。

3）试运行阶段

试运行阶段从系统调试开始，此阶段非常重要，乙方需要发送试运行通知书给各部门进行调试；当试运行阶段出现问题时，甲乙双方排除故障后进行备案；试运行结束后，乙方需要填写试运行结束通知书通知各方，各方签字确认后试运行阶段结束，并进入验收阶段。

4）验收阶段

乙方向甲方提交竣工通知及项目验收申请，项目验收测试通过后双方共同编写终验报告，项目总负责人向客户提交项目工程移交方案，该方案包含各种口令和维护文档、配置文档等，双方盖章签字，项目总负责人向技术支持小组提交项目工程移交报告。

5）售后维护阶段

项目工程验收后，需要对项目工程进行维护。售后工作分为以主动和被动两种方式掌握安全问题。出现安全问题后，安全服务人员需要在承诺的时间内完成以下步骤：①项目验收完成后，项目工程小组需要向维护小组转换；②在指定时间内向客户提供售后维护说明和售后维护名单；③根据所签订合同中的售后服务条款，对各种安全产品进行维护，并在每次维护后反馈在维护记录中，针对运营阶段当中出现的重大病毒暴发提供应急响应服务，定期进行病毒库升级等相关工作。

6.3.3 项目管理作为管理理念在网络安全企业中的应用

管理学的分支包括项目管理和传统管理，管理的效果和效率是其所追求的。在传统的项目管理中，项目没有被看作特殊的管理对象，但是项目和日常的工作有很大的区别。

项目管理是以项目为中心，以整个项目团队作为基本单位进行组织协调管理，项目经理和直线经理建立分工协作的监督机制，而且对预算的管理更为有效，项目的组织管理、经费管理、风险管理和沟通管理使整个项目形成完整的体系，而且风险管理可以使项目的运作规避风险。

项目管理需要关注整体，其管理理念具有前瞻性，可以提升项目成员的创新力，在项目中可以配备合适、优质的资源，这样效率会更高。

项目管理需要将时间、成本和范围贯穿于企业管理中，以非项目和准项目进行管理，让项目管理的效率更高。网络安全企业的经营活动可以分为项目和日常工作，日常工作具有重复性，和项目有一定的区别。但项目的要素包括范围、时间和成本。鉴于此，日常工作也可以看成项目。

也有一部分网络安全企业业务内容既无法看作项目，也不能看成准项目，这部分内容就是运营部门的工作，而且可以看成项目的附件，项目管理的理念是有效地完成工作。企业定期经营会议上的经营分析报告通常是以企业项目作为经营分析内容的主要内容。经营分析内容就是将项目管理做回顾、分析和总结。项目管理已经贯穿于企业决策、执行和控制的多个方面，项目管理的方法和理念已经成为企业实用性极强的管理工具。

6.3.4 项目管理在网络安全企业中应用的优势

随着网络技术的不断发展、科学技术的不断进步，网络安全企业的项目管理工作不仅能帮助企业更好地完成项目拓展，也能保证项目信息的可持续性和安全性，从而强化动态管理。

项目管理的应用为网络安全企业带来的好处有以下几点：首先，应用项目管理可以描述和界定项目的范围，让项目的工作任务更加明确，各项目工作可以责任到人；其次，项目管理可以预估项目完成所需要的时间和资源，项目管理可以解决好这些资源的配置优化；再次，项目管理中的风险管理非常重要，当有问题出现时也会有相应的处置措施，对于项目中出现的不确定因素，项目管理计划可以针对不同的风险问题进行预防；最后，项目管理可以在预算的范围内完成项目目标，对项目过程中的关键点可以及时进行检查，保证项目的跟踪计划，控制项目的各种成本，确保能按照进度成功交付项目。

网络安全企业的项目管理工作可以帮助国内的项目管理工作更为科学化地进行，并以此形成规范化的方式进行推广。规范化的项目管理方式和管理手段能以科学化的数据为基础进行更好的管理，在保证数据的真实性、可靠性的同时，也保证了整个项目的质量。高效的管理工作可以加快信息处理和分析的速度，规避了不安全的因素出现。除此之外，网络安全企业项目管理工作的优化可以用严谨科学的方式处理网络安全企业中存在的问题，让管理工作更加规范化。

6.4 网络安全企业构建项目管理体系的注意事项

项目中关于运作流程、成本和人员等的问题不可避免，网络安全企业项目管理体系的建设需要和企业的发展战略保持一致，结合企业发展的特点和业务发展的方向，建立符合企业需求的项目管理体系。套用《竞争战略》中的“五力分析模型”，即行业中现有的竞争者、供应商的议价能力、客户的议价能力、替代品的威胁、新进入者的威胁是造成企业能力下降的五个因素，这个观点同样也适用于网络安全企业建立管理体系模型。在网络安全行业，行业内的竞争者、企业供应商、企业的客户都是可以学习的对象。

6.4.1 从观念上重视项目管理

网络安全企业是项目导向型的企业，为保证企业能提高资源的配置效率和工作效率，需要以规范的项目管理建立客户对企业的最佳客户关系。项目管理的重要性和必要性也是网络安全企业需要关注的问题，不仅仅是技术和方法的应用，范围、时间、成本三要素也需要渗透到工作的各个方面中。

6.4.2 设立项目管理办公室

在组织结构上需要贴近项目管理，项目管理办公室的设立可以更好地帮助企业进行项目的驱动。从外部来看，企业的组织结构会更向项目管理型趋同。除此之外，项目管理办公室可以专门负责项目的标准化，以及建立、实施、培训和维护管理信息系统（Management Information System，MIS）。

项目管理办公室可以把公司的战略管理和项目管理联系起来，将优秀的项目管理经验传播到公司，可以把整个公司的其他项目工作形成项目管理的标准化，不仅可以把公司从职能型向项目型组织结构进行转化，也可以形成以项目为核心的公司文化。定期进行项目管理培训，分享项目成功或失败的经验或教训，在这个过程中，项目管理办公室可以发挥巨大的作用，可以成为项目的促成者和培养者。

6.4.3 提供支持项目管理的软硬件环境

用专业管理软件进行规范的项目管理，实现编排项目的进度计划，分配项目资源，安排工作任务和日程，跟踪项目和处理相关数据，生成相关报表。自行开发 MIS 系统有助于节约外包成本，同时也能帮助开发人员快速熟悉公司的业务。MIS 系统包括建立项目、项目计划、项目实施、项目报告、项目文档等模块。

6.4.4 规范化项目流程并严格执行

“计划—执行—控制—反馈”贯穿于整个管理过程，在项目发展过程中需要设置相应的里程碑和检查点，在对应的时间内对项目进行检查，对比项目实际情况和规划之间的差异，根据差异及时做出调整。项目的检查时间间隔需要根据项目的生命周期长短进行设置，如果间隔的时间太长会增加项目的管理成本，而过于密切就会失去检查的意义。检查的结果需要及时进行记录，并汇总成周报或月报。

项目通常在项目范围定义变更时变更问题，如果项目在执行过程中变更频繁，项目就不能按期完成。企业在和客户最开始定义项目范围的时候，项目经理需要了解客户的需求，不能盲目承诺客户所有的需求，对于不能达到客户需求的点要进行合理的解释，客户领导也需要参加到项目领导小组中，负责客户各部门的协调工作，包括客户的需求。提高客户的满意度，即提高企业高层及投资人的满意度。

6.4.5 加强人员在项目管理上的培训

项目管理工具和软件的应用，需要项目管理办公室定期组织开展培训。在项目运行过程的培训中，需要企业的销售经理和技术经理为项目组成员讲述在项目的不同阶段如何进行项目管理，项目组成员在不同阶段应该如何配合项目经理的工作。项目结束后，项目经理需要召开总结会议，项目组成员对于项目中自己负责的内容做出报告和分析。项目经理需要对项目组成员在项目中的表现进行总结，对于优秀的成员可以进行表扬，对于错误事项需要进行批评。通过长期的总结会议，可以帮助项目组成员加深对项目的理解，这样不仅可以让项目组成员在实践中学习，也可以节约成本达到培训的目的。在总结会议上，项目经理可以带领团队成员讨论明确项目目标、确认项目的范围定义、项目变更控制是否有效、客户参与项目的情况、项目进度和跟踪情况、项目的质量情况、项目经费预算和实际消费情况及项目中其他相关的问题。以项目管理的方式进行经验共享，在积累后将隐性的知识形成项目管理的显性知识。网络安全企业需要鼓励企业通过参与性的学习交流，建立共同学习、共同协作的良性循环组织。

6.5 网络安全企业构建项目管理体系的模型

网络安全企业构建项目管理体系主要包括管理信息系统平台、项目管理方法和技术、项目管理理念、人员相关培训和项目管理流程五个因素。这些因素可以在图 6-1 所示的网络安全企业构建项目管理体系模型中体现出来。

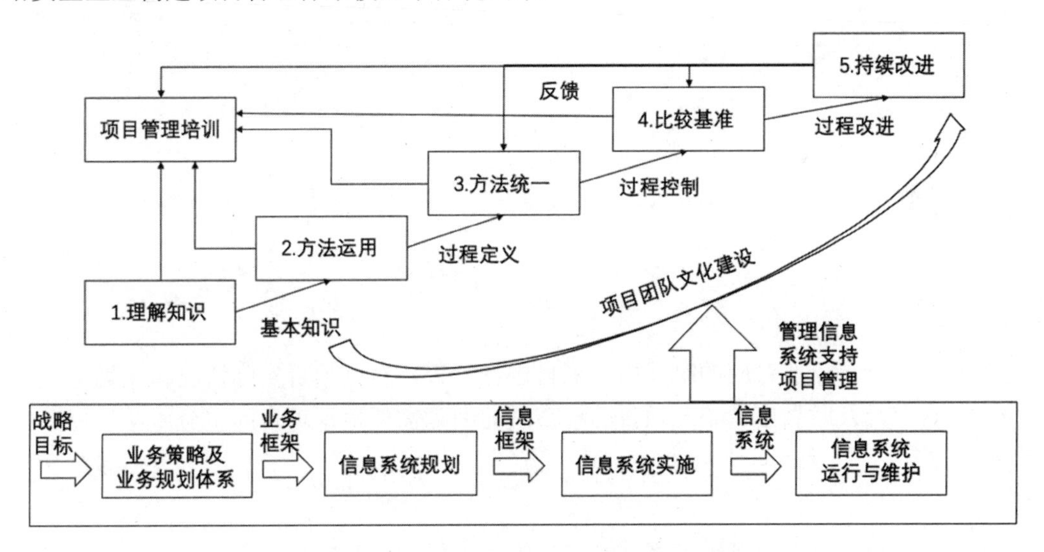

图 6-1 网络安全企业构建项目管理体系模型

网络安全企业构建项目管理体系模型是基于项目管理成熟度模型和企业自身建立管理信息系统，目的在于以企业管理信息系统作为支撑。企业的管理信息系统是根据企业自身的目标、企业的业务框架、企业自身特点而建立的，以适应企业管理决策的需要。企业构建项目管理体系的目标是让信息系统和项目管理成熟度达到更高的水准，同时可以相互支撑。

6.6 网络安全企业构建项目管理体系的意义

项目管理在我国的发展已经非常成熟，目前已广泛应用于各行各业。网络安全企业知识型项目管理和其他工程的项目管理不同。网络安全企业作为项目推动型企业，需要以项目管理来促进企业的不断发展壮大和可持续发展。要认识到项目管理的重要性和必要性，并将其提高到战略高度，不断完善项目管理在企业中的作用，以规范的企业项目管理制度和流程，促进整个网络安全行业的项目管理水平，提高网络安全项目的质量。基于优质项目驱动的网络安全企业不仅自身可以实现企业创新、提高资源利用率、激励企业员工，同时能使我国的网络安全企业跟上市场经济的节奏，适应数字经济时代的发展。

第7章 人力资源管理

在数字经济发展速度加快的进程中，人力资源的竞争越来越激烈。人力资源的价值创造、组织文化和人力资源的研究、知识管理和人力资本的研究对企业可持续发展及竞争优势的凸显具有关键作用。对网络安全企业自身而言，以人力资源管理的视角，构建完整、立体的安全运营不仅需要考虑人岗的匹配，也需要考虑团队结构的合理性，通过对团队成员有规划地进行动态优化，可以形成科学、合理的人力资源总值。

7.1 背景

经济全球化迅速发展，现代科学技术突飞猛进，产业结构的调整速度也在不断加快，大国之间的较量也越来越激烈。这种竞争是人力资源的竞争，即人才数量及质量、人力资源开发水平和人才选用机制的竞争。关注人才的培养、吸引人才的政策的制定和加大开发人力资源的力度，是大多数强国为增强核心竞争力而采取的措施。网络安全是大国竞争的重要领域，构建合理的人力资源机制显得尤为迫切和重要。

7.2 人力资源管理概述

人力资源是指在一定时期内组织中的人所拥有的、能够被企业所用、对企业价值创造发挥作用的教育、能力、技能、经验、体力等资源的总称。人力资源管理是现代管理的关键内容，开发人力资源、加强人力资源管理对于推动企业和社会的经济发展意义十分重大。

7.2.1 人力资源的基本概念

人力资源是指能推动国民经济和社会发展的具有劳动能力的人口的总和，包括数量和质量。企业人力资源是指能够推动整个企业发展的全部现任在岗员工的总和。

人力资源包括数量和质量两个方面，数量的载体是构成人力资源的人口数量，质量是指人口的思想道德素质、科技文化素质和身体健康素质等，在人力资源质量体系中，科技文化素质是关键内容。

人力资源的数量和质量紧密相关，评价人力资源的丰富性不仅需要以数量来统计，也要包含质量。提高人力资源的质量是加大人力资源开发力度的核心和关键，高质量的人力资源可以促进经济和社会的快速发展。

人力资源具有能动性、实效性、再生性和社会性四个特点。

能动性在于人类可以自我强化，通过接受各种培训，使自身的劳动能力和素质得以提高。在市场经济中，人力资源是靠市场来进行调节的，职业的选择是人力资源主动和物质结合。另外，人的劳动积极性调动也是人力资源能动性的主要方面。

人力资源是具有生命的资源，其形式、开发和利用会受到时间的限制，如在网络安全行业，技术人员如果长期闲置，其技术可能会退化，所以对人力资源进行适度的开发和利用有利于最大限度地激发员工潜能，同时对企业发展有益处。

人力资源和其他可再生资源一样，在开发和使用后，需要在一定的前提下实现资源的再生。人力资源是除去生物规律的支配，人类自身意识、意志的支配等其他外在限制因素后，基于人口和劳动力的再生产。

人力资源的社会属性是因为人类劳动是群体性活动，其形成、配置、开发和使用都是社会活动，其开发利用程度取决于社会经济技术的发展水平。

7.2.2 直线与职能管理中的人力资源管理

直线经理的日常工作中包含很多人力资源的管理活动，如业绩评价、加薪、举荐下属和内部的人员开发等。鉴于此种情况，需要对直线部门和人力资源部门的权责进行划分。

直线管理人员拥有的职权就是直线职权，而人力资源部门所拥有的职权是职能职权，划分的原则是直线管理人员对人力资源管理活动做出决策，以人力资源部门来完成组织的基本目标，人力资源部门在这一过程中被授权去协助和以建议的方式帮助直线经理实现这些目标，并负责招聘、雇佣和薪酬等方面的工作。直线经理在人力资源方面的工作内容如下：让合适的人员负责适当的工作岗位；帮助员工提升工作绩效；实现部门和谐的工作关系；解释公司政策和工作流程；开发员工的潜在技能；保护员工的健康等。直线管理人员可以承担这些人力资源管理职责，但是也需要单独的人力资源部门以专业知识技能来提供建议。人力资源部门的职责是为直线经理的决策提供依据，为直线员工提供服务和帮助，如招聘、培训等，其在处理劳资关系和员工申诉方面也发挥着重要作用；若直线经理在人员选择上出现偏颇，人力资源部门可以要求直线经理重新选择；当有人事活动时，人力资源部门可以进行协调。

尽管直线管理人员和人力资源部门都需要对人力资源的开发承担相应的责任，但是两者之间也有明确的分工，如当直线管理人员招聘网络安全咨询顾问时，直线管理人员可以提出需要具备若干年以上信息安全行业工作经验、需要具备综合售前解决方案或咨询规划等专业能力等相关要求，然后人力资源部门来组织符合要求的求职者进行面谈和考核，并向直线管理人员推荐候选人，由直线管理人员来确定最终人选。

现代企业的人力资源管理采用更为深入和全面的新型管理模式，重视市场在配置人力资源方面的作用、重视员工的素质和工作积极性对于激发员工自身的创造性具有重要意义。

7.3 人力资本与人本管理

企业之间的竞争和人才的竞争密切相关，企业经济能否快速增长取决于企业的人力资本及其投资，人力资本成为企业经济增长的重要驱动因素。企业加大对人力资本的投资，大力开发和合理使用人力资本，是企业增强市场竞争力的关键。

7.3.1 人力资本理论分析

在教育、职业培训、健康和迁移等方面的投资称为人力资本，体现在人自身的生产知识、技能和健康素质的存量，是人类作为经济主体创造财富的生产能力。

人力资本具有时效性、不可分性、收益递增性和能动性的特征。人力资本是以人力资本的投资形成的，通过对人力资源的投入，实现人力资源数量和质量的改善。人力资本具有投资收益的长期性、风险性、主体多元性和投资客体的时效性。根据成本和收益决定是否进行人力资本投资，收益率越高对人力资本的投资越有价值。

人力资本理论起源于20世纪60年代，代表作有舒尔茨的《人力资本投资》和贝克尔的《人力资本》。舒尔茨认为现代化的生产条件下，生产率的提高是人力资本大幅增高的结果，掌握知识技能的人力资源是生产资料的重要资源。他提出，人力资本投资收益计算方法是人力投资收益率，即人力投资收益在国民收入增长额中所占据的比重。他以收益率的方法计算了人力资本中教育投资对1929—1957年的经济增长率的贡献，证明了人力资本对经济发展的巨大影响。

贝克尔的《人力资本》被认为是“经济思想中人力资本投资的革命”，他的主要观点有：所有用于增加人力资源并且影响未来货币收入和消费的投资都是人力资本投资；人力资本投资具有较长时间的时效性；在职培训是人力资本投资的重要内容；信息资料的搜集也是人力资本的投资内容之一，同样具备经济价值；决定人力资本投资率的重要因素是投资收益率；提出“年龄—收入”曲线，他认为教育程度和年龄是大家的共同起点，其他因素相同时，收入水平和年龄增长有关，相同年龄的人群中，教育程度越高，其收入也会越高，并以数学计算和实例研究证明了教育的收益率。

7.3.2 企业人力资本投资的成本收益分析

决定人力资本投资量的关键因素是投资的有利性和收益率，当其收益的现值大于用来满足未来需要支出的现值时，投资者会选择支出这笔费用，进行成本收益比较是做出投资决策的重要环节。

在众多人力资本投资中，在职培训是人力资本投资的重要形式，主要是对在岗工作人员进行教育培训。因为在职培训的经济性特征比学校教育更明显，所以对其成本收益的分析显得尤为重要。

从企业的角度出发，在职培训需要提供场地和设备、师资和劳务服务等费用，企业因员工参加培训而损失工时和其他应有收入，这些都是成本。对于员工而言，可能因参加培训而减少收入，同时需要付出费用、时间和精力。

在职培训的投资收益由员工和企业共享，员工可以从培训中获得技术水平的提升，同时企业可以提高生产效率，在业内的竞争力也能增强。很多网络安全企业鼓励企业员工参加 CISP、CISSP、CISE、CISO 等认证。国内很多企业对公司内部和对外都开设有相关课程，对于企业和员工而言，完整的考试培训体系不仅能提升员工的专业技能，也能为企业带来更大的效益。

在职培训的收益计算有直接计算法和间接计算法两种方法，间接计算法分为净现值法和经验公式法两种。企业加大在职培训的投资，打造专业的培训师、加强员工的业务知识和技能，大力开发企业的人力资本以满足数字经济时代的发展要求。

7.3.3 企业人本管理的理论与实践

以人为本的管理是现代管理学中最受追捧的管理理论之一，主要是把人和事的管理紧密结合起来，以人为中心，关心员工，尊重员工，满足员工的合理需求，调动员工的工作积极性。

企业竞争的背后是人才的竞争，以人为中心的产品或技术都是企业员工智慧的结晶。任何一个企业都是由人组成的，企业是人的组合。尽管自动化和智能化正逐渐代替人工，但是所有设备的运转都是以人为驱动力，企业生产的重要因素是人，人是企业的主体。同时，人是企业管理的中心，企业可以通过对人的管理来调动人的积极性和创造性，从而推动企业的不断发展。

以人为本的管理主要包括感情管理、民主管理、人才管理和文化管理。例如，很多企业越来越重视与员工的沟通和思想交流，员工病重和家中有困难时也都会进行走访帮助；在民主管理方面，会进行全体工作者的讨论或情况通报等，让员工有监督权、知情权、决策权等；在人才管理方面，会建立科学的人才培训制度，建立人才库和人才选拔机制、人才竞争机制等。

以人为中心的管理是将人作为企业最重要的因素和主体，运用多种方式激发员工的工作积极性，从而提高工作效率，实现企业和员工利益的最大化。

7.4 工作分析

工作分析主要是对现有工作进行分析，为其他人力资源管理的实践提供信息，是人力资源管理的基础性工作。工作分析可以使员工清楚地了解工作上的行为要求，同时能为人力资源的决策提供依据。

7.4.1 工作分析的基本概念与作用

人力资源开发和管理中的专业术语很多，包括工作要素、任务、责任、职位、职务（或工作）、职位的分类、职权、职业、工作族及职业生涯。工作分析从任务—职位—职务三个层面展开，任务由职位构成，是工作分析中的最基本层次。

工作分析包括工作职务、目标、任务、权利、隶属关系和工作条件等内容。职务是确认员工完成特定工作所具备知识技能的特征说明。当新组织建立、新工作产生，或者因新技术、新方法等产生而发生重要变化时，需要进行工作分析。

工作分析是进行人力资源规划和管理的基础。对员工招聘具有指导作用，有助于员工的培训和开发，为绩效评价提供客观的标准与依据，对于薪酬制度设计有帮助作用。

7.4.2 工作分析的操作程序

工作分析分为准备阶段、调查阶段、分析阶段和完成阶段。准备阶段包括制定工作分析计划、建立工作小组、培训工作分析人员、确定调查和分析的样本；调查阶段需要执行的模块有编制各种调查问卷和提纲、确定运用的调查方法、搜集工作信息；分析阶段内容包括工作名称分析、工作描述分析、工作环境分析和任职者条件分析；完成阶段主要是以书面文件的形式呈现出分析的结果。

7.4.3 搜集工作分析信息的方法

搜集工作分析信息的主要方法有工作实践法、问卷调查法和访谈等多种形式，根据不同的工作目标需要选择合适的方法进行调研。工作分析人员可以通过亲自调研获得一手资料，可切实了解到工作的实际任务，以及工作内容对人体力、环境等的要求。问卷调查法是以标准化的问卷形式让调查对象反馈答案。问卷调查法可以降低成本，但是搜集真实信息比较困难。访谈是指以面谈的方式搜集信息资料的方法，优点是能简单快速地搜集信息，适用面广，但面谈的内容容易失真。

7.4.4 工作说明书的编写

工作说明书用于具体描述工作性质，是工作识别、工作概要、工作职责、工作权限、工作标准、领导关系和工作环境等的综合，是工作分析产生的结果。工作说明书在工作信息搜集、比较和分类的基础上进行编写，处于工作分析的最后一个环节。企业在编写说明书时可以参考标准化的说明书，根据使用的目的不同可以做相应的调整，其编写要求是清晰、准确、实用、完整、统一。

7.5 人力资源规划

人力资源规划对企业来说极其重要，是说明和人相关的企业问题的方向性的规划，可以帮助管理者支持企业战略和实施人员管理。人力资源规划是管理人员以和其他战略相同的方式制定和推行的职能管理战略，人力资源是企业实现战略规划的关键环节，以其预测未来环境变化和经营目标从而引起的人力资源管理的变化，可以为企业提供所需要的人员配置和实施方案。人力资源的规划需要服从和服务于企业的总体战略目标，为企业实现总体目标提供人力资源保障。

7.5.1 人力资源规划概述

人力资源规划是根据企业的发展战略和经营目标、大市场环境和条件的变化，以科学的方式对企业人力资源需求和供给进行分析预测，从而制定对应的政策和措施，以实现企业人力资源供给和需求平衡的过程。涵盖分析预测未来企业人力资源的供求状态、制定执行计划、控制和评估等一系列过程。

人力资源规划需要达到以下几个目标：①在企业适当的岗位上安排适当的人选，包括数量、质量和层次结构，让组织和个人得到长期的发展；②在组织和个人目标达到最大一致的情况下让人力资源的供给和需求实现平衡；③对企业在变化环境中的人力资源进行分析，制定相应的政策以满足需求。通过计划的制定，确保人力资源管理活动和企业的战略目标一致；④保证人力资源管理活动中的各个环节能互相协调。

人力资源规划和组织战略的关系需要着重强调，企业的战略决定人力资源规划，人力资源规划以组织的战略目标为依据，同时需要服从组织的战略规划。人力资源规划的好坏会影响企业战略目标的实现效果，也决定了组织的人力资源能否得到保障。人力资源的规划需要随着组织战略目标的变化而变化，企业外部环境中关于政治、经济、法律、技术和文化等的因素都在变化，组织的战略目标也会随之不断变化。相应地，企业人力资源规划需要做适当调整以保证组织战略目标的实现。

在网络安全领域，按照不同岗位和能力可以划分成不同颜色的队伍，科学的网络安全人才体系不仅能方便企业组织内部的管理，确保合适的岗位上有合适的人选，包括数量、质量、层次结构等，同时对于整个网络安全行业而言也更有利于对未来人力资源的供求预测，以及制定和完善网络安全人才体系。如图 7-1 所示是网络安全运营架构体系，图中详细展示了网络安全不同颜色体系应设置的岗位及应具备的能力。

（1）红队：受雇于安全组织者，具有职业道德黑客精神。红队包含的岗位有情报搜集专员、渗透测试工程师、漏洞挖掘工程师、复杂对抗研究员、红队武器化专员，红队方向的岗位一般要求具备渗透测试、社会工程、漏洞挖掘、二进制逆向工程、无线安全、工控安全、OSINT、武器化的能力。

（2）蓝队：通过实时狩猎活动及时关联分析决策，快速有效地进行响应处置，属于蓝色体系的有安全运维工程师、情报分析师、应急工程师、威胁狩猎分析师、安全保障专家、日志管理专员，这个团队的成员需要具备网络技能、漏洞修复技能、狩猎技能、数据分析技能、情报知识技能、安保技能。

（3）黄队：能促使信息化安全高效，聚焦组织保护对象，保障业务安全运行。黄队包含的岗位有安全需求分析师、安全开发专员、安全测试人员、网络工程师、安全架构师、系统工程师，团队成员需要具备的能力条件有安全攻防技能、IT 架构建设技能、系统架构建设技能、网络架构分析技能、产品架构设计技能、安全开发技能。

（4）紫队：从风险管理的视角挖掘红队的攻击能力、提升蓝队的防御能力。属于紫色体系的岗位有风险管理顾问、合规审计顾问、合规建设顾问、高级攻防顾问、攻防平台分析师，团队成员需要具备安全攻防技能、应急管理技能、规划设计技能、咨询管理技能。

（5）橙队：具备超前的岗位安全意识，可以帮助企业引导开发团队编码，弥补安全知识缺陷，属于橙色体系的岗位有企业安全意识培训师、资深安全培训专家、外部安全咨询顾问，团队成员需要具备安全编码能力、新技术研究能力、风险意识能力、讲师能力。

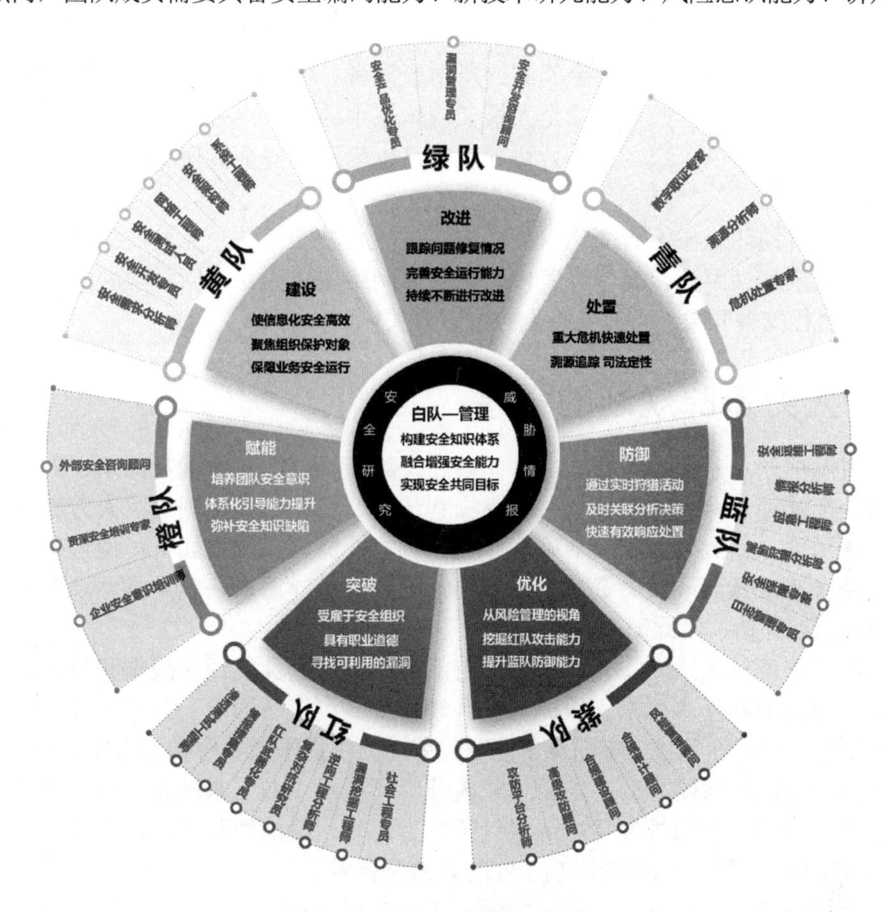

图 7-1 网络安全运营架构体系

（6）绿队：负责跟踪问题修复情况，完善安全运营能力，持续不断地进行改进。绿队包含的岗位有安全产品优化专员、漏洞管理专员、安全开发咨询顾问，团队成员需要具备安全攻防技能、开发技能、脚本技能、漏洞修复技能。

（7）青队：具备重大危机快速处置能力，能根据安全事件进行溯源追踪司法定性。数字取证专家、溯源分析师和危机处置专家属于青队，青队方向也需要网络安全领域复合型尖端人才。

（8）暗队：负责安全研究及威胁情报的生产，以多维度多渠道的威胁情报数据汇聚融合，利用大数据分析和人工智能技术进行高质量价值提取，针对新技术应用安全的不断研究，研发及挖掘可利用漏洞，刻画对手实力、意图及目的。属于暗队体系的岗位有安全研究专家、样本分析专家、威胁情报专员等，团队人员需要具备新技术研究、威胁猎捕等能力。

（9）白队：负责构建安全知识体系和日常安全运营、安全事件生命周期管理，融合增强安全能力，实现网络安全风险管理的闭环落地，促进达成安全共同目标。白队体系的岗位有安全行业分析师、安全管理顾问、安全战略执行官、业务架构师、风险顾问等，团队人员需要掌握咨询技能、行业分析技能、管理技能、风险管理技能等。

除此之外，我们将从事网络安全领域的安全行业分析师、安全管理顾问、安全战略执行官、安全管理者、业务架构师归类于整合运营者，这类网络安全工作人员是企业网络安全的管理中心。对于网络安全领域的科学研究者、创作发明者、情报收集人员、情报分析人员，我们将其划归网络安全人机架构体系中的情报中心。管理中心和情报中心作为组织中的关键角色，二者的有效协同联动可以为网络安全其他颜色方向的队伍提供巨大能量。

网络安全市场环境在不断变化，供给需求也随之波动。在企业发展战略和经营战略的要求下，以全局性眼光，充分开发使用内外部网络安全人才，用科学的方法对网络安全人力资源进行挖掘开发，可有效将人的价值最大化。

7.5.2　人力资源规划的程序

人力资源规划涵盖众多内容，如总体规划、配备计划、退休裁员计划、人员补充计划、人员使用计划、培训开发计划、薪酬福利计划、劳动关系计划等。人力资源规划应遵循全局性原则、一致性原则、准确性原则、可控性原则。流程如下：搜集有关信息资料→人力资源需求预测→人力资源供给预测→确定人员净需求→制定具体规划→人力资源规划的执行和评估，以此循环。

搜集的信息资料包括内、外部信息，内部信息包含企业的经营战略和目标、具体业务计划、职位类型和基本要求、培训及教育、薪资福利待遇情况、辞职率等；外部信息主要是宏观经济和行业形势、市场竞争情况、劳动力供需求及政府相关的政策等。

在了解企业内外部信息后，结合企业内外部环境对企业未来的人力资源进行分析预测。进行人力资源规划的外部环境因素包括社会、政治、法律和经济环境等。另外，企业的产品或劳务需求的变化也会影响企业的人力资源需求。

在搜集资料和预测需求的基础上，进一步分析和确定需求，制定规划，执行和评估规划。

7.5.3　人力资源供给预测方法

企业人力资源供给预测需要从内部开始，企业内的各类人员很多，并且随着时间的推移，企业内部各岗位的人员会有规律地进行转移。当企业内部员工有规律地进行转移时，转移的概率有一定的规则，可以用马尔可夫模型进行预测，从而预测出企业的人力资源供给。

本章所说的人力资源规划也称为人力资源计划，是为了满足企业的发展战略和经营目标，结合内外部的环境变化，以科学的方法对企业的人力资源需求和供给进行预测的过程。人力资源规划的主要内容包括总体规划、配备计划、补充计划、使用计划和薪酬计划。

7.6 员工招聘

员工招聘是指企业通过一系列方法招聘有能力的人到企业内任职，其目标是保证企业人力资源得到充足的供应，让人力资源得到高效的配置，提高人力资源的效率和产出。员工招聘的基本条件是制定人力资源规划和进行工作分析。

招聘分为招募、甄选、录用和评估四个环节，是一个复杂且完整的连续性过程。员工招募需要制定招聘计划、发布招聘信息、应聘者提出申请等，企业可以在组织内部进行直接调动或提升、进行外部招募、从人才交流中心进行员工招募或进行校园招聘；员工甄选是指对求职者进行资格审查和筛选，一般是由人力资源和用人单位的负责人负责，对应聘者的专业技能、价值观和情商进行考察；录用包含录用决策、合同签订、试用和正式录用等环节；招聘评估包含招聘成本和效益的评估，以及评估入职员工的数量和质量。

7.7 员工培训与开发

员工的培训和开发是组织为了实现目标、提高市场竞争力，从而有计划地针对员工进行多层次、多渠道的学习和训练，在提高员工技能的同时，激发员工的创新意识。

进行员工培训可以提高员工能力、实现人事和谐、调动员工积极性、建立优秀的企业文化。现今学习型组织是走在前沿的管理理论，也是现代企业重视培训的重要产业。学习型组织可以通过运用和创新知识得到持续增长的学习力、创造力，保障企业蓬勃的生命力。

在网络安全运营培养体系中，完整的安全运营体系需要包含多种角色才足以支撑安全公司本身的安全业务，才能更好地为客户提供全方位的优质服务。

对于网络安全公司而言，其技能培训可以分为初级培训、中级培训和高级培训。初级培训以新员工为主体，学员处于应届生水平；中级培训以中级工程师为主要群体，在其任职方向上，技术处于三级水平；高级培训面向安全工程师，要求学员的任职技术专业水平在四级以上，处于研究院专家水平。

在培养的发展方向上，安全响应人员、安全分析人员、安全监测人员、安全集成人员、业务安全人员可以发展的方向是事件响应和取证方向；互联网蓝队评估人员、内网蓝队评估人员、物理渗透测试人员、社会工程学人员、邮件系统安全评估人员，可以发展的方向是安全运维方向；目标社工服务人员、情报搜集服务人员、威胁建模服务人员、漏洞分析服务人员、渗透攻击服务人员和入侵攻击服务人员可以发展的方向是安全测试方向。

对于网络安全体系的岗位划分，根据工作职责和内容划分为七个方向，这样不仅可以帮助网络安全从业者找准个人定位、为员工建立职业发展通道、提升员工招聘和培养进度，有助于科学合理地配置人力资源，也可以为员工晋升管理、绩效管理等环节提供依据。

7.8 员工绩效考评

绩效考评是企业通过科学的方法对在职员工所承担的工作及其工作效果、对企业的贡献和价值进行考核评价。绩效考评可以为员工招聘反馈部分信息，为员工培训和开发提供方向，也可以为薪酬管理提供重要的依据。

绩效考核需要保证公开化、客观性、统一性和差别性，同时要遵循全面原则、反馈原则及制度化原则。其流程包括制定计划、考评实施、结果反馈、结果运用，绩效考评的方法大致分为主观考评和客观考评两类，绩效考评的内容包括业绩考评、态度考评和能力考评。

7.9 薪酬管理

薪酬是企业为付出劳动的员工支付的钱或实物，可分为直接薪酬和间接薪酬。直接薪酬包括工资、奖金、津贴和股权等，间接薪酬是指除直接报酬以外的福利，如养老保险、医疗保险、失业保险、伤病补助、带薪假期等。

薪酬管理有助于发挥员工的主观能动性，并且可以让员工的薪酬和组织的目标深度结合。在薪酬设计上需要遵循既定的企业薪酬原则和策略，内容包括职务分析、职务评价、工资结构设计、工资调查、工资分级和定薪、工资制度的管理和控制等。

7.10 企业文化建设

企业文化是一家公司在长期的发展过程中形成的企业价值观、企业制度和行为规范的总和，由企业精神文化、企业制度文化和企业物质文化构成，表层文化是物质文化，中层文化是制度文化，核心文化是精神文化。

企业的精神文化贯穿于企业生产的全部经营活动当中，也会受到社会文化、意识形态及其他长期形成的各种行为、群体意识和价值观念的影响，是以企业精神为核心的价值体系。企业文化对于公司员工具有导向作用、激励和凝聚作用、约束和辐射作用。优秀的企业文化应该树立新观念、注重企业精神建设和制度建设。

第8章 网络安全事件管理

信息化技术的迅速发展已经极大地改变了人们的生活，网络安全威胁也日益多元化和复杂化。传统的网络安全防护手段难以应对当前繁杂的网络安全问题，构建主动防御的安全整体解决方案将更有利于防范未知的网络安全威胁。

国内外的安全事件在不断增长，安全信息管理市场也在不断发展。2018年12月，Gartner正式对外发布了2018年SIEM市场魔力象限分析报告。报告显示，SIEM目前属于成熟市场，并且竞争十分激烈。全球SIEM市场价值从2016年的20亿美元上升到了2017年的21.8亿美元（注：这些数字相较于2018年的预测有所下降，以最新的为准）。SIEM市场的首要驱动力是威胁管理，其次是安全监控与合规管理。发展相对欠成熟的亚太和拉美地区的SIEM增长率远远高于北美和欧洲市场。由此可见，网络安全事件所带来的风险日趋严重，同时CISO对此的重视程度也在不断加强。

8.1 网络安全事件分类

在数字经济转型时代，信息作为当今时代的“矿产”和“石油”，对国家、社会和企业的快速发展具有重要的推动作用，在信息为人们生活创造了巨大便利的同时，网络安全在基础设施中造成的影响也日益严重。

随着信息化的不断推进，政府和企业对网络安全的防范意识在日益增强。在应对攻击时，市场上传统的网络安全产品相互独立，难以形成高效的闭环，整体的网络安全防护体系难以抵抗攻击者的多手段攻击。在海量的安全事件中，如何根据一定的流程进行响应，对各种安全事件进行挖掘和关联，发现真正的安全事故，是安全事件管理需要解决的问题。网络安全事件是指多个事件及事件间的关系，安全事件之间的关联与网络管理中的关联相似，关联的目的在于综合单点的安全设备所发来的事件，以减少误报和漏报，帮助快速确认事故根源。网络安全事件由单个或一系列意外或有害的安全事态组成，可能危害业务运行和威胁网络安全。

对于网络安全事件的管理，国内外的研究一直在持续进行，制约安全事件管理产品发展的主要因素是事件关联关键技术的突破和安全事件格式的标准统一。网络安全事件管理应该是实时和动态的管理模型，人工智能在安全管理体系中应该有所体现。

使用结构严谨、规划周全的方式制定企业整体网络安全战略对网络安全事件管理非常重要。安全事件管理的目标有以下几个：

（1）对安全事件的整合和关联。以统一的格式对安全事件进行关联，系统可以发现与某种特定攻击相关的关键事件，或者了解其所产生的实际影响。

（2）安全风险的动态呈现。以动态的方式对网络安全事件的风险进行量化，并进行实时呈现。

（3）安全事件的及时响应。当出现安全事件时，需要按照一定的工作流程对安全事件进行跟进和实时响应。

网络安全事件可以分为以下几类。

（1）有害程序事件：是指插入信息系统的一段程序，会对信息系统的完整性、保密性和可用性产生危害，甚至影响营销系统的正常运转。计算机病毒、蠕虫事件、混合攻击程序事件等都是有害程序，这类事件具有故意编写、传播有害程序的特点。

（2）网络攻击事件：是指通过网络技术、利用系统漏洞和协议对信息系统实施攻击，对信息系统造成危害或造成系统异常的安全事件，如 DDoS 攻击、后门攻击、漏洞攻击等。

（3）信息破坏事件：是指通过网络等其他手段，对系统中的信息进行篡改或窃取、泄露等的安全事件，主要包括信息篡改、信息泄露等。

（4）信息内容安全事件：是指利用网络信息发布、传播危害国家安全、社会安全和公共利益安全的事件。

（5）设备实施故障：是指因信息系统本身的故障或人为破坏信息系统设备而导致的网络安全事件。

（6）灾害性事件：是指外界环境对系统造成物理破坏而导致的网络安全事件。

不属于以上划分范围的网络安全事件则属于其他网络安全事件。

8.2 网络安全事件管理框架

参照《信息技术　安全技术　信息安全事件管理指南》，网络安全事件管理包括前期规划和准备、使用、评审、改进四个过程。

在网络安全事件管理的前期规划和准备阶段，组织需要完成的工作内容有以下几点：

（1）结合公司现状制定符合组织情况的网络安全事件管理文件，获得公司高层及项目相关的人员的支持与承诺。

（2）在深入了解公司的信息化状态后，针对公司现状制定网络安全事件管理方案，以支撑网络安全事件的管理策略。确保在组织的信息化工作中有详细的包含发现、报告、评估和响应网络安全事件的表单及各项支持工具，以及用作网络安全事件严重程度衡量尺度的细节。

（3）对公司的每个信息系统、服务和网络相关的网络安全与风险管理制定或更新策略，策略的调整需要根据网络安全事件管理的方案来进行实时调整。

（4）形成网络安全事件管理的组织结构，成立网络安全事件的应急响应小组，确定小组成员的管理角色和对应的岗位职责。

（5）定期将网络安全事件管理方案带来的成效以内部邮件或其他方式向组织成员进行通告，定期对网络安全事件管理小组的成员进行培训。

（6）对整个网络安全事件管理方案进行测试，确保流程可以形成完整的闭环。

在网络安全事件的管理过程中，需要执行以下任务：

（1）针对网络安全事件的状态，通过安全产品或人工进行发现和报告。

（2）对搜集到的安全事件进行分类，确认安全事件的类别。

（3）针对发生的网络安全事件进行及时响应，快速了解网络安全事件的状态，当安全事件可控时需要采取及时的响应行动；在安全事件不可控时，需要及时申请资源上的协助。在整个过程中，需要将网络安全事件的状态及时通告小组成员，必要时进行法律取证分析，记录整个过程中的相关行动和决策，对安全事件进行闭环处理。

当网络安全事件完整结束时，需要对整个事件进行复盘评审，评审内容包含以下几点：

（1）按照要求进一步完成法律取证分析。

（2）对整个网络安全事件进行总结分析。

（3）根据总结的经验教训，进一步改进安全防护措施。

（4）从网络安全事件管理整体方案的角度，根据经验进一步进行完善。

信息环境的变化非常迅速，网络安全管理中的重要因素也需要不断地根据网络安全事件的数据、事件响应和一段时间内的发展趋势进行改进，主要包含以下内容：

（1）对组织现有的网络安全风险分析和管理评审结果进行调整修订。

（2）对组织网络安全事件管理的方案和文档进行修改完善。

（3）对网络安全防护措施的实施进行改进。

8.2.1 动态安全管理模型

网络安全是一个动态的过程，对应的管理也应该是相对动态的。针对网络安全的动态变化，国内外提出的网络安全管理模型有很多，如以时间为基础的 PDR 和 PPDR 模型、PDCA 模型等。动态风险模型是基于闭环控制的动态网络安全管理模型，在此基础上形成了如图 8-1 所示的 PPDR 动态模型，这个模型对安全体系的研究有指导性的参考价值，PPDR 把时间概念引入进来，对于如何实现系统安全、评价安全的状态，提供了相关的操作描述。在整体的网络安全策略的统一控制下，以网络安全防护手段和防护工具为基础，评估系统的安全状态，把系统调整到最安全状态范围内。

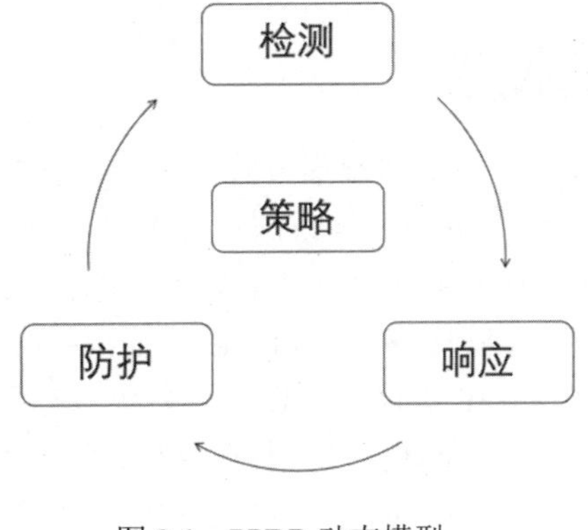

图 8-1　PPDR 动态模型

8.2.2 网络安全事件管理流程架构

基于PPDR模型可构建动态的网络安全事件管理流程架构，包括被检测的安全设备、安全事件收集和整合、安全事件的关联分析、动态的安全风险评估、安全事件应急响应等，如图8-2所示。

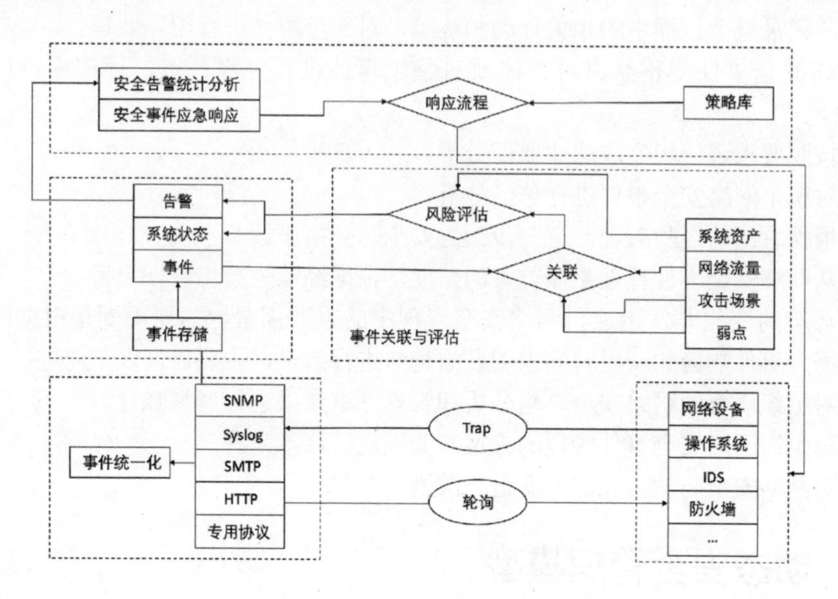

图8-2 网络安全事件管理流程架构

入侵检测系统、防火墙、防病毒软件等产生的安全事件被安全事件搜集代理搜集，并转发给安全事件关联引擎。事件搜集代理把原始的事件解析成统一的、能够被关联引擎识别的格式，在转发事件之前，代理先执行过滤规则对搜集到的安全事件进行过滤，只有关联引擎关注的事件才会被送往关联引擎进行关联。安全事件的关联分析需要对搜集的统一化的事件进行综合分析，这个过程依赖于网络流量信息、安全漏洞和网络攻击发生的特征等，通过动态风险评估产生告警，应急响应流程需要根据企业制定的安全策略流程去执行。

8.2.3 安全事件的搜集

安全事件的搜集可采取轮询的主动搜集方式和被动接收方式进行。实时采集安全设备的日志信息来获取安全事件是主动搜集方式，以简单网络管理协议（Simple Network Management Protocol，SNMP）和Syslog协议来搜集安全事件是被动接收方式。

SNMP协议是国际互联网工程任务组（Internet Engineering Task Force，IETF）定义的一套网络管理协议。通过SNMP协议，管理工作站可以远程管理所有支持该协议的网络设备，包括监视网络状态、进行网络设备配置、接收网络事件告警灯。基于SNMP协议搜集数据信息主要有采用主动轮询的方法主动搜集和采用Trap的方式被动搜集两种方式。

Syslog协议允许一台主机通过IP网络发送事件给事件的接收者（Syslog服务器），

Syslog 协议发送者和信息接收者间的通信消息内容没有统一的格式，且 Syslog 的部署方式比较简单。Syslog 的消息格式分为 PRI、HEADER、MSG 三种。

8.2.4 安全事件的统一化

因为安全设备对安全事件描述的格式各不相同，安全设备搜集到的事件经过解析后需要采用统一的格式。国内对于安全事件格式的统一化目前还没有统一的标准，针对入侵检测告警的交互，IETF 采用 IDMEF 格式，这种格式目前还没有被广泛地采用。

8.3 安全事件关联引擎的设计与实现

网络安全事件的关联分析和网络故障管理的管理分析相似，两种事件中的关联目的都是进行实践的自动处理和事故的快速定位。网络管理中的关联方法对于安全事件的关联具有参考价值。网络故障管理方法有：基于规则的关联方法、基于案例的关联方法、基于模型的关联方法、基于编目的关联方法。

入侵检测的告警关联方法有：基于攻击序列的事件关联方法、基于攻击前提与后果的时间管理方法、基于近似度的关联方法、基于统计分析的关联方法。有明确事件发生的前提条件和事后发生的条件是网络故障关联中的必要条件。因为入侵检测关联方法未对攻击行为和被攻击的资产进行关联，在验证攻击存在的可靠性及安全事件对资产的破坏程度时没有综合考虑其他因素，所以在安全事件的关联方法中需要考虑受攻击的主机资产和事件可能产生的破坏。

8.3.1 基于事件序列的攻击场景的关联

攻击场景是指相互依赖的、具有时间顺序的、当出现攻击行为时产生的安全事件集。通过规则构建攻击场景，通过关联引擎对攻击场景中规则的匹配来判断真正的攻击事件。网络管理中的关联操作包括压缩、过滤、抑制、计数、扩大、概括、具体化。结合网络管理中的关联与基于攻击场景的关联，安全事件搜集代理把搜集到的安全事件进行统一化并发送给关联引擎。关联引擎根据预定的时间窗对安全事件进行基于攻击场景的关联，对关联后的安全事件进行动态的风险评估。关联引擎提供基于规则的推理机，用于匹配攻击场景。关联引擎的规则是嵌套的，即推理机的状态随着条件的变化而变化。随着规则匹配层数的增加，安全事件的可信度增加。构建攻击场景的规则层次可以达到多层。

第一层一般为攻击特征，如木马类攻击，这种类型的规则针对入侵检测设备发送来的事件进行制定。特定的攻击活动是指不通过特征检测，而是通过异常检测发现的攻击行为。

第二层是特定攻击类型的规则，这一层规则是在第一层规则被匹配后才执行的，用于进一步验证第一层的安全事件的真实性。通常这一层的安全攻击发生的可信度比第一层的可信度更高。

第三层规则的制定，用于验证该攻击事件对被攻击主机的风险是否已经达到了预先定义的风险阈值。

8.3.2 安全事件与脆弱性关联

将安全事件和导致安全事件的脆弱性进行映射就是安全事件与脆弱性关联。当安全事件所依赖的脆弱性在受攻击的主机系统中不存在时，这种情况就称为误报；当安全事件所依赖的脆弱性在系统中真实存在时，则表明安全事件的可信度上升。

安全事件与脆弱性关联需要以两张数据表进行呈现，一张表存储由漏洞扫描工具定期扫描的网络中主机存在的漏洞，另一张表存储特定安全设备搜集的安全事件和漏洞设备的漏洞号之间的关系。关联引擎收到安全事件时，可以对安全事件的目的地址进行判断，确认是否存在于两个表链接后的结果集中，以实现对脆弱性和安全事件进行交叉关联的目的。

8.3.3 动态风险评估

为实现安全事件管理动态风险评估的目标，需要对关联后的事件进行风险评估，根据风险值确认安全事件是否为安全事故。安全事件的严重程度一般和与安全事件相关的资产值、安全事件能造成的威胁、安全事件发生的概率相关。静态的风险是传统风险中所关注的内容，组织的风险和该组织所具有的资产与外界对资产的威胁有关。网络安全事件的风险需要考虑安全事件的破坏程度、安全组件的可信度和安全事件所涉及的主机资产，所以需要评估的是动态风险。

8.4 网络安全事件管理的收益

组织建立严谨细致的网络安全管理方案可以给企业的网络安全事件管理带来以下收益。

1）提高组织的网络安全保障水平

建立严谨细致的网络安全管理方案，使组织对安全事件具有结构化的发现、报告、评估和响应流程，当出现安全事件时，组织能迅速确认网络安全事件的状态和过程，通过对安全事件的分析可以快速实施安全解决方案，同时对未来可能发生的类似网络安全事件进行预防，以提高整个组织的网络安全保障水平。

2）降低安全事件对组织业务的影响

完整的网络安全事件管理方案可以帮助企业降低网络安全事件对组织业务潜在的负面影响级别，包括企业当前的经济损失及长期的声誉损失等。

3）加强网络安全事件预防

网络安全事件管理方案可以帮助组织创造预防网络安全事件的环境。对事件相关数据进行分析，有助于掌握事件的模式和发展趋势，从而更加精准地对网络安全事件进行预防，在网络安全事件发生时，以对应的安全解决方案进行及时响应。

4）为调查优先级的确定提供依据

当出现网络安全事件时，完整的网络安全事件管理方案可以为网络安全事件调查优先级的确定提供判断依据。组织如果没有明确的调查流程，调查工作只能根据当时的场景进行，难以解决真正的需求，会阻碍调查工作的顺利开展。组织如果指定了清晰的调查流程，可以帮助企业确保数据的搜集和处理符合法律要求。网络安全事件恢复过程中所采取的行动会影响搜集到的数据的完整性。

5）有利于预算和资源的管理

完整的网络安全事件管理方案可以帮助组织确认和简化所需要涉及的预算和资源配置。完整的网络安全事件管理包含对时间的管理，这样也方便提供处理不同级别、不同平台上的事件所需要的时间，当处理过程中的时间不足时，可以进行识别。

6）有利于识别各类威胁

完整的网络安全事件管理方案可以帮助组织识别、确认各类威胁的类别及相关脆弱性的特征，以便搜集质量更好的数据，同时可以提供已经识别的威胁类型发生的频率数据。网络安全事件对组织业务的影响数据分析、对业务的发展有关键性作用，各种威胁类型发生的频率数据对于威胁评估质量非常有用，脆弱性相关的数据可以帮助提升脆弱性评估质量。

7）提高网络安全意识

完整的网络安全事件管理方案可以为企业网络安全意识教育计划提供重要的信息。安全事件小组可以以真实的网络安全事件说明网络安全事件管理的重要性，同时能说明安全解决方案对快速解决问题的重要性。

8）为网络安全策略评审提供信息

网络安全事件管理方案提供的数据可以为网络安全策略的有效性评审提供有价值的信息，可以帮助组织内部或其他单个系统、服务或网络策略进行改进。

8.5 网络安全事件管理的关键事项

适用于组织内通用框架的网络安全事件管理方案才能为公司得出全面有效的安全事件处理结果。网络安全事件管理方案的管理和审核过程需要组织内员工积极参与，以确保安全和结果的可用性等。组织应该避免在实施网络安全事件管理方案的过程中可能会遇到的问题，让利益相关人员相信组织已经采取了措施来预防事件的发生。为了使网络安全事件管理方案更为完善，需要在整体方案中明确以下事项。

1）管理层的支持和承诺

管理层支持网络安全事件的整体解决方案。组织成员需要清楚当出现网络安全事件时应该采取的措施，了解执行后给组织带来的好处。当组织管理层确保承诺支持后，公司员工才会加深对此的认知。同时，管理层也能在事件响应能力的资源和维护上进行支持。

2）安全意识的加强

将安全意识传递给组织管理层会更有利于管理者接受安全事件管理方案，如果企业员工不清楚安全事件管理方案可以为其管理带来的收益，企业员工的参与不一定会达到预期的效果。所以在网络安全事件管理方案中，需要将组织成员在网络安全事件管理中取得的收益明确出来，并说明网络安全事态和事件数据库中的事件信息及其输出，从而提高组织成员的安全意识。

3）法律法规的重视

在网络安全事件管理方案中需要对与法律法规相关的问题进行阐述。例如，需要提供适当的数据保护个人信息和隐私，管理过程中保留适当的活动记录，采取防护措施以确保合同的责任履行等其他多个方面的问题。

4）确保运行效率和质量

通知事件的责任、通知的质量、易于使用的程度、速度和培训是影响网络安全事件管理运行效率和质量的因素，其中有些因素与确保用户了解安全事件管理的价值和积极报告事件相关。安全事件管理人员需要增加适当的意识和培训计划，以便将事件延迟报告的时间降至最低。

5）匿名性和保密性

安全事件管理中需要明确组织成员提供的信息可以受到保护，确保在特定条件下报告潜在网络安全事件的人员或相关方的匿名性。同时，安全事件管理方案中会包含敏感信息，但是处理事件的成员可能会使用到这些信息，所以在处理过程中需要确保这些信息是被加密过的，或者访问这些信息的人员需要签订保密协议。同时要规定敏感事件需要控制向外传播。

6）可信运行

在特定情况下，面对财务、法律、策略等方面的需求，安全事件管理组应该有效地满足其要求，并发挥组织的决断能力。为使所有的业务得到满足，网络安全事件管理组的功能还应独立审计。同时，事件响应报告和常规的运行管理应该分离，财务运作方面也需要分离。

7）系统化分类

网络安全事件管理方案总体结构的通用化连同通用的度量机制和标准的数据库结构一起，可以提供比较结果、改进告警信息和生成信息系统威胁及脆弱性数据的更加准确的视图能力。

网络安全事件的管理需要和IT技术安全相互补充，也需要和IT技术安全相互支撑，完善的管理制度、完善的运营制度、预防性和检查性的管理都必不可少。国家持续加大对网络安全事件的监管力度，以提升国家在网络空间中的实力，同时进一步完善相关的法律法规，以增强公民的个人网络安全意识。

第9章 情报管理

在网络安全领域中，情报管理是白队的基本任务之一。本章介绍作为白队职责之一的情报管理的相关概念、来源与方法、流程模型及质量与级别。通过本章的介绍，读者可以对白队如何进行情报管理有较为详细的了解。

9.1 定义

9.1.1 数据与情报

“数据”与“情报”是安全界的重要术语，两者之间的区别似乎难以解释。然而，它们通常可以互换使用。

数据是信息、事实或统计结果的一部分。数据是用来描述事物的。在网络安全领域，IP 地址或域名是数据，若没有任何额外的分析来提供上下文，它们只是一个事实。在搜集和关联各种数据之后，当它们有能力洞察某一需求时，它们便成为情报。

数据和情报的区别在于分析。为了回答问题，分析需要基于一组要求。未经分析，安全行业产生的大部分数据仍然只是数据。然而，同样的数据，一旦按需进行正确分析，就会成为情报，因为它包含了回答问题和支持决策所需的一切内容。

9.1.2 IOC（攻陷指标）

攻陷指标（Indicator of Compromise，IOC）在一定程度上被认为是威胁情报的同义词。与 IOC 相关的搜索和发现过程是信息安全委员会和 IT 组织计算机安全专业人员职责的主要组成部分。IOC 是唯一的数据伪影或签名，它们与安全威胁的存在或应解决的网络入侵密切相关。

IOC 是一些证据，表明可能发生了数据泄露，有必要进行进一步调查和参与 CSIRT 事件响应计划。IT 组织必须开发对出现在网络上的 IOC 的识别能力，并实施有效的事件响应计划，以消除威胁并恢复受影响的系统。

IOC 可以帮助企业在系统或网络日志中找到特定类型的特征数据，以找到已被破坏的目标。这些特征数据包括与 C2 服务器或恶意软件下载相关联的 IP 地址和域名、恶意文件的哈希值，以及其他可指示入侵的、基于网络或主机的特征。

9.2 情报管理来源与方法

9.2.1 来源

传统的情报来源通常围绕着各种类型的 INT 来展开，这些情报描述了所搜集数据的来源。

1. HUMINT（人工情报）

人工情报来自人类，无论是秘密地下搜集还是通过外交手段公开搜集。人工情报是最古老的情报搜集方式。网络威胁情报是否可以从 HUMINT 中得到，这是一个有争议的问题。例如，试图会见那些参与了入侵或有入侵经验的人并与之交谈。另一个被认为是最接近 HUMINT 的例子是与黑客互动，通过受限或仅限成员的在线论坛获取信息。这种类型的情报搜集也可以被认为是 SIGINT，因为它来自电子通信。

2. SIGINT（信号情报）

信号情报是指从电子信号中获取的信息，包括通信情报（COMINT）、电子情报（ELINT）和外部仪表信号情报（FISINT）。大多数技术信息搜集都属于 SIGINT。毕竟，计算机的功能来自电子信号，所以从计算机或其他网络设备输出的任何信息都可以视为 SIGINT。

3. OSINT（公开情报）

公开情报的来源包括新闻、社交媒体、商业数据库和其他来源。关于网络安全威胁的公开报道是 OSINT 的一种。另一种类型是可公开访问的 IP 地址或域名的详细技术信息。例如，WHOIS 可以查询恶意域名注册者的详细信息。

近年来，出现了网络情报（CYBINT）、技术情报（TECHINT）和金融情报（FININT）等多种 INT 概念，但这些新概念大多被其他情报搜集方法所涵盖。例如，网络情报主要来自 ELINT 和 SIGINT。论证现有的 INT 数据并不重要，重要的是要了解数据的来源。

9.2.2 方法

下面介绍一些传统的情报搜集方法，这些方法通常用于搜集网络威胁情报。对了解特定威胁数据的来源很有用。

1. 事件调查

在处理网络安全事件的过程中，需要进一步调查原因。主要目的是检查漏洞，发现网络安全管理中存在的问题和漏洞，吸取教训并积累安全经验。此外，如果是人为的网络攻击或破坏，进行事件调查的重要目的之一就是最终惩治肇事者或罪犯。在突发事件的初始阶段，调查可以与应急响应同时进行。在实践中，调查工作贯穿于整个网络安全应急响应过程中，因为对事故原因的调查分析也有助于更好地了解黑客的行为和犯罪特点，从而尽快查明真相。响应初期的任务是获得尽可能多的有效的数据，这些数据是从对数据泄露和事件响应活动的调查中搜集到的。这通常是网络威胁情报中最丰富的数据集之一，因为调查人员能够识别威胁的多种因素，包括黑客使用的工具和技术，并且通常能够识别入侵背后的意图和动机。

2. 蜜罐

蜜罐技术本质上是一种欺骗攻击者的技术。通过安排一些主机、网络服务器或信息作为诱饵，诱使攻击者攻击它们，从而捕捉和分析攻击行为、了解攻击的手段和方法、推断攻击的意图和动机，使防御方清楚地了解其面临的安全威胁，通过技术和管理手段增强实际系统的安全防护能力。

蜜罐就像一个情报搜集系统。蜜罐似乎是蓄意引起攻击的目标，诱使黑客攻击。因此，在攻击者入侵之后可以知道它是如何成功的，并随时了解攻击者针对服务器发起的最新攻击和所利用的漏洞。除此之外，还可以窃听黑客之间的联系，搜集黑客使用的工具，掌握他们的社交网络。

将这些设备配置为虚拟机或网络，并搜集与这些设备交互的信息。蜜罐有很多种类型：低交互蜜罐、高交互蜜罐、内部蜜罐和边界蜜罐。蜜罐信息是非常有用的，我们只需要了解蜜罐的类型、监控的内容及互动的性质就可以掌握黑客的动向。蜜罐上捕获的攻击尝试流量（试图利用或安装系统上的恶意软件）通常比分析网络扫描流量或网络爬虫流量更有用。

3. 论坛和网站

许多公司声称拥有地下或黑暗网络的情报搜集能力。在多数情况下，这些公司是通过互联网访问受限论坛和聊天室来搜集情报的。在这些论坛网站上，许多人在完成信息分析后会就有价值的信息进行相互交流。这种类型的网站数量庞大，几乎任何一家公司都不可能完全覆盖这些黑暗的网站。

9.3 情报管理流程模型

情报管理流程模型通常用于构建用于分析和处理的信息。此外，在智能生成过程中也使用了一些模型。接下来的这两个情报模型主要用来有效地产生和采取行动。第一个是 OODA 循环，可以用来快速做出对时间敏感的决策；第二个是情报周期，可以用来生成更正式的情报产品，可以用于各种目的，如情报报告策略或情报规划。

9.3.1 OODA 循环

安全领域经常引用的一个军事概念是 OODA 循环。OODA 是“观察（Observe），定位（Orient），决策（Decide），行动（Act）”的缩写。如图 9-1 所示的 OODA 循环的四个阶段是战斗机飞行员、军事研究人员和战略家 John Boyd 在 20 世纪 60 年代提出的。他们认为当战斗机飞行员面对的对手比他自己拥有更多的装备和更高的能力时，利用 OODA 循环，通过果断的行动对周围环境做出准确的判断，可以有效地攻击对手，最终可能获胜。

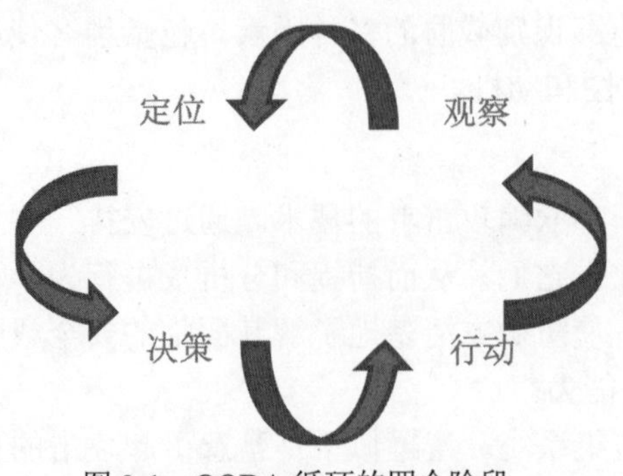

图 9-1　OODA 循环的四个阶段

以下是对 OODA 循环四个阶段的介绍。

1. 观察

观察阶段的重点是搜集信息。在这个阶段，需要从外部世界搜集任何有用的信息。例如，如果你想接住球，这个阶段就是观察球的运动以确定它的速度和轨迹。同样地，如果在此阶段需要尝试捕获网络攻击者，则观察阶段需要搜集日志、系统监视数据和搜集有助于识别攻击者的任何外部信息。

2. 定位

定位阶段将观察阶段搜集到的信息转换为基于已知信息的上下文内容。这里需要测试的是过去的经验、预设的概念、期望和模型。以小球为例，定位取决于观察者对小球的运动方向、速度和轨迹的判断，需要预测小球被抓住时的方向和冲击力。在网络攻击示例中，定位需要从日志中提取监控数据，并将其与有关网络、相关攻击组织和先前识别的攻击方法（如特定 IP 地址或进程名称）的知识相结合。

3. 决策

在决策阶段，信息已经被搜集（观察）并进行了上下文链接（定位），所以是时候确定行动方案了。决策阶段不是执行操作，而是审查各种行动计划，直到最终决定采取何种行动。在处理网络攻击时，这意味着需要决定是等待并继续观察攻击者的操作或启动事件响应操作，还是忽略该活动。无论是哪种情况，防守者都会决定下一步该怎么做才能达到目标。

4. 行动

显然，行动阶段是相对简单的，个人遵循所选择的行动计划采取行动。行动的结果并不意味着 100%成功，它需要在下一个 OODA 循环周期的观察阶段确定。

OODA 循环是对每个人每天经历数千次的基本决策过程的概括。它解释了个人如何做出决定，解释了团队和企业如何做出决策，还解释了网络防御者或事件响应者搜集信息并了解如何使用信息的过程。

OODA 循环不仅仅是单方面使用的。作为网络防御者，在很多情况下，在经历观察、定位、决策和行动的过程的同时，攻击者也经历了同样的过程。攻击者观察网络和网络防御者在网络上的行为，并决定如何采取行动来改变环境并试图取胜。和大多数场景一样，能够观察和适应的一方往往会取得胜利。

除了攻防 OODA 循环外，还可以考虑多重防守 OODA 循环，即一名防守队员的决定如何影响其他防守队员。一个防守球员做出的许多决定都可以为其他防守球员的跑动创造条件。例如，如果一个防御者成功地执行了安全事件应急响应，然后公开共享了有关攻击的信息，那么第一个防御者已经开始将这种智慧赋予所有其他防御者。如果攻击者能够更快地通过 OODA 循环，找到有关这些活动的公开信息，并在第二个防御者使用这些信息之前更改其策略，那么攻击者将进行一次反转（将自己置于有利位置），在这种情况下，第二个防御者的情况是危险的。

因此，应仔细考虑如何与其他组织，包括对手和同盟者分享行动。一般来说，计算机网络防御减缓了对手的 OODA 循环，加快了防御者的 OODA 循环。这种广义决策模型为理解防御者和攻击者的决策提供了模板。该模型侧重于理解各方的决策过程。

9.3.2 情报周期

9.3.2.1 情报周期

如图 9-2 所示的情报周期是产生和评估情报的一般过程。这个循环是从上一个情报过程的结束开始的。情报循环不需要完全遵循此过程。

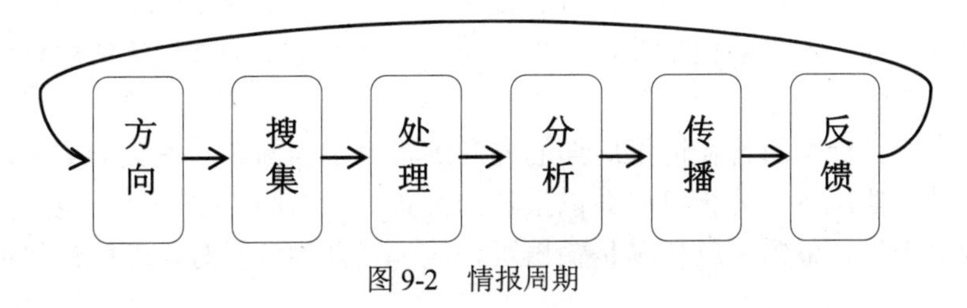

图 9-2 情报周期

要正确利用情报循环就需要知道情报循环步骤中所涉及的内容，下面对这些步骤进行介绍。

1. 方向

情报循环的第一步是方向。方向是情报解决问题的过程。这个问题可以从外部由情报组来开发和实施；也可以由内部受益的业务方和情报组共同开发。这个过程的理想结果是提出一个清晰、简明的问题，让利益相关者能够找到有用的答案。

2. 搜集

接下来是搜集回答问题所需的数据。这是一个大事件，应该集中精力从多个来源搜集尽可能多的数据。冗余信息在这里增加了价值，因为证实过程中往往会用到这些信息。

这里有一个开发有效情报计划的关键想法——建立搜集能力。建立广泛地搜集各种信息的能力是很重要的，因为很难确切地知道哪些数据可能最终被证明是有用的。这包括战术信息，如基础设施、恶意软件和漏洞及文档，如攻击者目标、社交媒体监控、新闻监控和高级威胁分析文档、研究报告（如供应商报告的攻击组织及其相关信息）和其他战略运作信息。一定要记录信息来源和注意事项：新闻报道经常重复发表或引用同一原始材料，使我们很难知道什么是证据，什么是同一材料的重组。如果无法确定特定数据集的来源，请尽可能避免将其作为集合源。

搜集是一个过程，而不是一次性的操作。使用第一轮搜集的信息（如搜集 IP 地址）进行第二轮处理（如使用反向 DNS 查找与这些 IP 地址相关的域），然后继续执行第三轮信息搜集（使用 WHOIS 搜集对应的 IP 地址对应的域）。随着信息搜集的进行，信息将成倍增长。这一阶段的重点不是数据之间的关系，而是尽可能多地扩展信息，然后慢慢地对其进行分析。另外，不要忘记考虑内部来源，如内部事件管理系统，因为公司经常会发现他们非常熟悉对手或攻击。

3. 处理

数据的原始格式或所搜集数据的格式有时不能直接使用。此外，不同来源的数据可能有不同的格式，需要将它们转换为相同的格式以便一起进行分析。预处理数据的过程往往是一项容易被忽视的任务，若不对数据进行预先处理，生成情报几乎是不可能的。在传统的情报周期中，处理是搜集的一部分。但是，在处理涉及事件响应的数据类型和企业类型时，需要考虑单独进行处理。

4. 分析

分析与科学一样是一门艺术，它试图回答在方向阶段确定的问题。在进行情报分析的过程中，分析员对搜集到的数据和其他可用数据进行表征，并对其意义和影响进行评估。未来的预测常常在这里做出。分析的方法有很多，但最常见的是使用分析模型来评估和构建信息。除了预设的模型外，分析师还可以使用特定的数据集或解释信息的方法来开发自己的模型。

分析阶段的目标是回答在情报周期的方向阶段确定的问题。答案的类型取决于问题的性质。在某些情况下，分析可能会以报告的形式生成新的情报产品，也可能简单地回答“是”或“否”，最常见的情况是输出可信值。当开始分析时，理解最终的输出形式是很重要的。

分析并不是一门完美的科学，而且常常是在信息不完全的情况下进行的。对于分析人员来说，确定并清楚地解释他们分析中的信息差距是很重要的。这使得决策者能够意识到分析过程中潜在的盲点，也可以促进搜集过程以确定新的来源，从而减小这一差距。如果差距太大，并且分析人员认为无法使用当前信息完成分析，则可能需要返回到搜集阶段重新搜集其他数据。在这种情况下，与其最终提供有缺陷的分析，不如暂停分析。

必须强调的是，所有的情报分析都是人工完成的。如果它是自动化的，那么它实际上是一个过程，这是情报周期中的关键步骤，但不是真正的分析。

5. 传播

传播阶段产生了真正的情报：在方向阶段提出的问题得到了回答。没有与相关受益人（能够使用这种情报的人）分享答案的报告是无用的。大量文献中的失效信息分析是真实有效的，但会在传播过程中丢失。情报内容必须以与受益者最相关的形式共享，因此传播取决于受众。如果这个产品是针对高管的，那么考虑情报内容长度和措辞是很重要的。如果其目标是在技术系统（如 IDS 或防火墙）中实现，则可能需要符合特定供应商的编程格式。无论如何，情报最终必须由相关受益人使用。

6. 反馈

反馈阶段作为继续情报工作的关键，经常被遗忘。反馈阶段询问生成的情报是否与问题的方向一致，最后只有以下两个结果。

如果情报过程回答了这个问题，这个循环可能就结束了。然而，在许多情况下，一个成功的情报过程可能会导致新的问题，或者基于需要更多情报的答案的行动。

在某些情况下，如果情报程序失败了，此时，反馈阶段应侧重于确定问题未得到正确回答的原因。在下一个方向阶段，应特别注意解决造成这一失败的原因。这通常是由于“方向”阶段的结构错误，没有定义目标范围；或者是由于搜集阶段不完整，无法搜集足够的数据来回答问题；或者是由于无法从数据中提供准确或有用的答案而获得不正确的“分析”。

9.3.2.2 情报周期的应用案例

首席信息安全官（CISO）经常关注的问题之一是威胁组织对它的了解。CISO 希望了解这个具有威胁性的组织的能力和意图的基本情况，有时还希望了解对特定组织的相关评估。在这种情况下，情报程序应该如何进行？下面的例子描述了满足 CISO 需求的情报周期的每个步骤。

1. 方向（Direction）

这个方向来自一个重要的相关受益人——CISO。“对××威胁组织了解多少？”所需的是一份目标清单。

2. 搜集（Collection）

从最初的来源开始，它很可能是一篇新闻报道。这些文档通常提供一些上下文来启动集合。如果有 IOC 攻击指标（如 IP、URL 等），请通过进一步的关联，尽可能地展开探索。数据源可以引用 IOC 特征、TTP 情报（攻击者策略、技术和攻击过程）或其他分析的附加报告。

3. 处理（Processing）

处理过程非常依赖企业的工作流程。将搜集到的所有信息存储到可以得到最有效地利用的地方，有点像将所有信息放入单个文档中。实际上，可能需要将其全部导入分析框架中。

4. 分析（Analysis）

面对搜集到的信息，分析师将试图回答以下关键问题。

（1）这些攻击者的目标是什么？

（2）他们通常使用哪些策略和工具？

（3）防御者如何发现这些工具或策略？

（4）这些攻击者是谁？

5. 传播（Dissemination）

对于具有特定需求方的情报产品，一封简单的电子邮件就足够了。尽管在某些情况下，限制智能产品的使用范围可能是有意义的，但真正的产品如果主动与他人共享，总是会产生更大的价值。

6. 反馈（Feedback）

关键问题是，CISO 对结果满意吗？它引起了其他问题吗？这些反馈能帮助循环并开启一系列可能的新循环吗？

情报周期是一种普遍的模式，各种规模的问题都可以得到解答。然而，需要注意的是，上述步骤并不能自动生成良好的情报。关于情报的质量将在下一节中进行讨论。

9.4 情报质量与级别

9.4.1 情报质量

情报的质量主要取决于两个方面：信息的来源和分析。在网络威胁情报中，由于情报官员不搜集自己的数据，很多时候数据无法进行处理，因此了解这些信息对情报官员至关重要。为了保证高质量情报的产生，需要考虑以下几点。

1. 搜集方法

重要的是要知道这些信息是从事故或调查中搜集的，还是由自动搜集系统（如蜜罐或网络传感器）搜集的。尽管不需要知道搜集的确切细节，而且一些供应商更愿意对其来源保密，但情报官员仍然可以在不影响搜集来源的情况下对数据来源做基本了解。关于如何搜集信息的细节了解得越多，对信息的分析就越有帮助。例如，了解到数据来自一个蜜罐是件好事，但更优的方式是不仅知道它来自一个蜜罐，而且知道这个蜜罐是用于监控远程 Web 管理工具暴力攻击的。

2. 搜集日期

搜集的大部分网络威胁数据很容易过期。这些数据的使用寿命从几分钟到几个月甚至几年不等，但它总有一个生命周期。知道数据的搜集日期可以帮助防御者了解如何采取行动。当情报人员不知道数据的搜集日期时，很难正确分析或利用任何数据。

3. 上下文

搜集方法和数据可以在一定程度上为数据提供上下文，上下文越多，分析就越容易。上下文可以包括其他细节，如与信息相关的特定活动和信息片段之间的关系。

4. 分析解决偏见

所有的分析师都有偏见。识别并消除这些偏见，让分析师不受影响地进行分析，是保证情报质量的关键。分析人员应该制定规则以避免几种偏见：一种是确认偏见，它试图找到支持先前结论的信息；另一种是锚定偏见，它导致分析人员过分强调一条信息，而忽略许多其他可能有价值的信息。

9.4.2 情报级别

目前，正在研究的情报模型主要关注通过某种分析管道的信息逻辑流。与事件分析一样，这种方法并不是建模信息的唯一方法。情报官员可以在不同层次上思考抽象的情报概念，从高度具体的战术级到作战支援的作业级再到非常通用的战略级。观察这些级别的情报时，请记住，这个模型代表的是一个连续的光谱，其间有灰色区域，而不是离散的离散点。

1. 战术情报

战术情报是支持安全行动和事件响应的低级和高度过时的信息。战术情报的客户包括安全运营中心（SOC）分析师和计算机事件响应小组（CIRT）调查员。在军队里，这些情报支持中队的行动。在网络威胁情报（CTI）中，这通常包括 IOC 特征和观察报告，如高度细粒度的 TTP，描述对手如何部署特定能力。战术情报使防御者能够直接应对威胁。

战术情报的一个例子是与新发现的漏洞相关的 IOC 特性。这些战术 IOC 包括执行漏洞扫描的 IP 地址、域托管恶意软件（在成功利用漏洞后植入），以及在利用和安装恶意软件期间生成的各种基于主机的组件。

2. 作业情报

在军事上，作业情报是在战术情报的基础上进一步加强的。这些信息支持后勤，并分析地形和天气对大型作战的影响。在 CTI 中，它通常包括与动作相关的信息和高层次的 TTP 内容。它还可以包括有关指定威胁组织的特征、能力和意图的信息。这是许多分析家理解的困难之一，因为它有时介于一般战术情报和具体战略情报之间。运营情报的客户包括高级数字取证和事件响应（DFIR）分析师及其他 CTI 团队。

回顾上面提到的利用战术情报的例子，作战情报包括利用攻击产生的影响有多大、它是针对性的还是广泛传播的、谁是攻击的目标、安装恶意软件的目的是什么，以及执行攻击的黑客组织的任何详细信息。了解这些细节可以支持后续情报的生成，如可能发生的其他威胁、威胁的严重程度等，从而帮助防御者制定应急预案。

3. 战略情报

在军事上，战略情报涉及国家和政策层面的信息。在网络威胁情报中，应当认为它支持高管和董事会就风险评估、资源分配和组织战略做出正式决定。这些信息包括威胁业务的趋势、动机和分类。

在上述例子中，战略情报包括关于攻击者动机的信息，特别是当攻击产生新的或未知的威胁时，以及关于可能需要更高级别响应的新策略或攻击目标的信息，如需要制定新的安全策略可能涉及对安全性的更改建设。

第 10 章 风险管理

在网络安全问题日趋全球化的今天，信息安全风险评估的系统工程显得极其重要。信息安全风险评估是按照相关信息安全技术管理规范，以科学、公正等综合视角去分析被评估的信息对象和所涉及的信息保密性、完整性和可用性等方面的安全属性。通过明确系统的弱点和威胁，分析因系统脆弱性遭遇威胁而造成负面影响的概率，掌握信息系统当前和未来可能存在的风险，并将风险降至最低或维持在可接受的范围之内。

10.1 风险管理介绍

10.1.1 网络安全风险管理的背景

新兴技术不断推动着数字经济的深度转型，各行各业对网络的依赖程度越来越高，信息系统不仅深刻地影响了大众的衣食住行，同时在政治、经济、军事等方面对国际形势也有重要的推动作用。系统的脆弱性决定了国家关键基础设施所面临的威胁，并可能给经济安全、社会安全及国家安全带来威胁。对网络安全资产进行风险管理可以在一定程度上有效地控制安全风险。

由于网络安全的复杂性，国内外一直在研究解决网络安全问题的办法。从发展历程来看，在信息化早期，解决方案的重点在于对硬件、软件和数据的保护；在电子通信时代，解决方案的目的是保护信息的机密性、完整性和可用性；在计算机出现以后，解决方案的关注重点是“预防、消除和减少计算机系统用户的非授权行为”。正式的信息安全保障概念，是美国在 1996 年提出的“以预防、检测和反应能力的提高来确保信息系统的可用性、完整性、可鉴别性和不可否认性的全面保障阶段”概念。

随着网络的不断发展，安全威胁不断增加，其安全成本和资源也不断增长，系统的安全性和可靠性等是研究者关注的重点。1994 年在某国军方给出的报告中，提出将“使用风险管理作为安全决策的基础”，同年 9 月白宫发布了第 29 号总统令，规定新安全对策制定应以可靠的威胁分析和风险管理实践为基础。基于此，风险管理的安全方法在国家安全、社会安全和经济安全等领域实施推广。

众所周知，在庞杂、异构的网络安全环境下，保障网络安全万无一失的手段难以确定。引入基于风险的安全理念，对网络安全进行风险管理是承认风险事件可能存在，如网络攻击等，将其发生的频率和造成的损失限制和控制在能够接受的范围内。在风险管理的条件下，网络安全不是面面俱到的，但必须满足需求；风险难以完全消除，但可以被管控，风险管理手段和方法是网络安全保障的有效方式。

10.1.2　风险评估的基本概念

风险评估是指在未结束的风险事件发生之前或之后，对该事件在生活、生命、财产等各个方面造成影响和损失的可能性进行量化评估的工作。风险评估就是量化测评某一事件或事物带来的影响或损失的可能程度。

从网络安全的角度来讲，风险评估是对资产（某事件或事物所具有的信息集）所面临的威胁、存在的漏洞、造成的影响，以及三者综合作用所带来风险的可能性的评估。风险评估是组织确定网络安全需求的一个重要途径，属于组织信息安全管理体系策划的过程。

10.1.3　风险评估的框架和流程

风险评估是以科学的方法将识别出并分类的风险根据其权重大小进行排列，为有针对性、有重点地管理好风险提供科学依据。风险评估的对象是项目的所有风险，而不是单个风险。通过确定的分析方法进行评估最终确认风险等级，根据不同的风险等级，组织应进行不同的处理。根据 GB/T 20984—2007《信息安全技术　信息安全风险评估规范》设计一个风险评估模型，如图 10-1 所示。

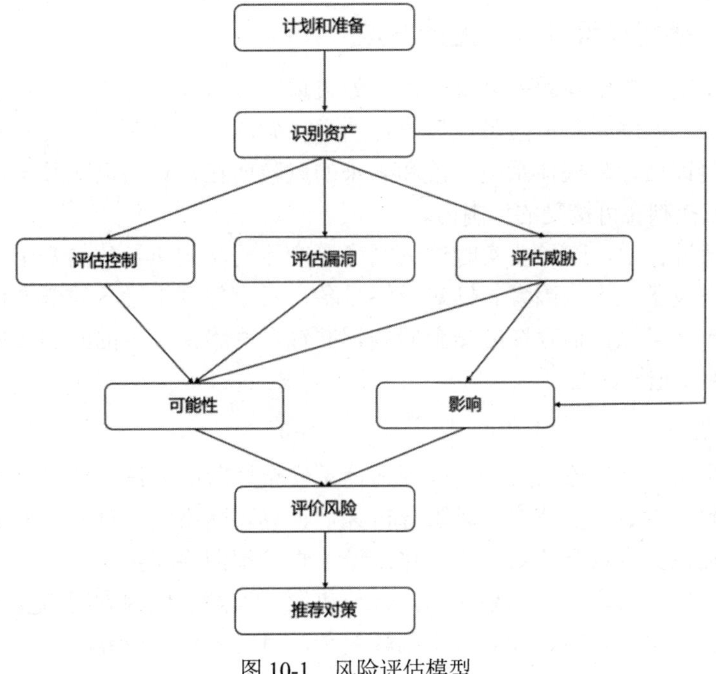

图 10-1　风险评估模型

10.2 风险评估的实施

10.2.1 风险评估准备

10.2.1.1 确定目标和范围

应该先明确风险评估的目标，为风险评估的过程提供导向。支持组织的信息、系统、应用软件和网络是机构重要资产。资产的机密性、完整性和可用性对于维持竞争优势、获利能力、法规要求和一个组织的形象是必要的。同时，由于组织的信息化程度不断提高，对于信息系统和服务技术的依赖程度日益增加，组织可能会出现更多的脆弱性。组织的风险评估目标基本上来源于机构业务持续发展的需要及相关方的要求。

组织进行风险评估可能是由于自身业务要求及战略目标的要求、相关方的要求或其他原因。因此，应根据上述具体原因确定风险评估范围。风险评估范围可能是机构的全部信息和信息系统，可能是单独的信息系统，也可能是组织的关键业务流程。

在进行风险评估的过程中，组织应建立适当的组织结构，以支持整个过程的推进，组织结构的建立应考虑其结构和复杂程度，以保证能满足风险评估的目标和范围。

10.2.1.2 组建团队及系统调研

组织成立对应的风险评估小组，由管理层、业务骨干及技术人员构成。明确风险评估的途径和方法，规划好行动计划和步骤。针对评估对象，风险评估小组需要进行充分的调研，包括但不限于业务战略及管理制度、主要的业务功能和要求、网络结构和网络环境、系统边界、主要软硬件、数据和信息、系统和数据的敏感性、支持和使用系统的人员等。

10.2.1.3 确定风险评估常用的方法

保障网络安全的首要问题是风险评估，如果风险分析与评估没有实行透彻会造成资金和人力的浪费。网络安全风险是以风险评估为基础的，只有对网络安全解决方案实施充分有效的风险评估，掌握体系现阶段和未来的风险所在，评估风险并予以解决才能将风险降至最低或控制在可接受的范围内。

在网络运营过程中，除了要实时评估网络资产流程漏洞所导致的安全问题，还要实时安全评估网络设备、人为因素。针对网络设备，对个体网络设备的资产价值要进行合理评估，根据价值可以评估存在的安全问题，并针对网络体系中的漏洞实施风险评估来提高网络系统的安全性。

1. 定量分析

定量分析是从分析对象结果中实施评估信息安全风险的方法。定量分析方法转变为资产价值和风险，为财务价值实施风险分析评估计算。网络安全分析和评估运用定量分析方法，可以提供更为直观的数字化量化结论，直接把网络安全可能会导致的风险损失转为经济损失，以更为直观的结果显示，方便决策层理解，但因为网络安全风险的财产关系程度多依赖于主观判断、计算方式比较复杂，目前还没有业界推出的统一规范和数据库系统。

2. 定性分析

定性分析是依据预测者的主观判断分析能力来推断事物的性质和发展趋势的分析方法。定性分析的关键在于实时评估网络的安全风险状态，基于推导演绎理论分析数据以判断其安全性。经过反复征询与反馈分析数据处理结果，并依据分析结果实时判断体系网络安全性，对网络安全风险进行评估。定性评估的步骤为查询数据、分析数据、筛选数据、处理数据、计算比例、判断风险原因、评估安全系数。

完成风险评估的前期准备工作后，需要采用合理的方式确定威胁利用脆弱性导致安全事件发生的可能性。

10.2.1.4 风险评估工具

风险评估工具是进行风险评估的辅助手段，是保证风险评估结果可信度的一个重要因素。风险评估工具的使用不但在一定程度上解决了手动评估的局限性，更重要的是它能够将专家知识集中起来，使专家的经验知识被广泛地应用。

根据风险评估过程中的主要任务和作用原理的不同，风险评估工具可以分成风险评估与管理工具、系统基础平台风险评估工具、风险评估辅助工具三类。风险评估与管理工具是一套集成了风险评估各类知识和判断依据的管理信息系统，以规范风险评估的过程和操作方法，或是用于搜集评估所需要的数据和资料，基于专家经验对输入/输出进行模型分析。系统基础平台风险评估工具主要用于对信息系统主要部件（如操作系统、数据库系统、网络设备等）的脆弱性进行分析，或实施基于脆弱性的攻击。风险评估辅助工具则用于实现对数据的采集、现状分析和趋势分析等单项功能，为风险评估各要素的赋值、定级提供依据。

风险评估与管理工具大部分是基于某种标准方法或某组织自行开发的评估方法，可以通过输入数据来有效地分析风险，给出对风险的评价并推荐控制风险的安全措施。

风险评估与管理工具通常建立在一定的模型或算法基础上，风险由重要资产、所面临的威胁及威胁所利用的脆弱性三者来确定；也有的通过建立专家系统，利用专家经验进行分析，给出专家结论。这种评估工具需要不断进行知识库的扩充。

此类工具实现了对风险评估全过程的实施和管理，包括：被评估信息系统基本信息获取、资产信息获取、脆弱性识别与管理、威胁识别、风险计算、评估过程与评估结果管理等功能。评估的方式可以采用问卷的方式，也可以通过结构化的推理过程建立模型、输入相关信息，得出评估结论。通常这类工具在对风险进行评估后都会有针对性地提出风险控制措施。

根据实现方法的不同，风险评估与管理工具可以分为以下三类。

1. 基于信息安全标准的风险评估与管理工具

目前，国际上存在多种不同的风险分析标准或指南，不同的风险分析方法侧重点不同，如 NIST SP 800-30、BS 7799、ISO/IEC 13335 等。以这些标准或指南的内容为基础，分别开发相应的评估工具，完成遵循标准或指南的风险评估过程。

2. 基于知识的风险评估与管理工具

基于知识的风险评估与管理工具并不仅仅遵循某个单一的标准或指南，而是将各种风险分析方法进行综合，并结合实践经验形成风险评估知识库，以此为基础完成综合评估。它还涉及来自类似组织（包括规模、商务目标和市场等）的最佳实践，主要通过多种途径采集相关信息，识别组织的风险和当前的安全措施；与特定的标准或最佳实践进行比较，从中找出不符合的地方；按照标准或最佳实践的推荐选择安全措施以控制风险。

3. 基于模型的风险评估与管理工具

基于标准或基于知识的风险评估与管理工具，使用定性分析方法或定量分析方法，或者将定性与定量相结合。定性分析方法是目前广泛采用的方法，需要凭借评估者的知识、经验和直觉，或者业界的标准和实践，为风险的各个要素定级。定性分析法操作相对简单，但也可能因为评估者经验和直觉的偏差而造成分析结果失准。定量分析法对构成风险的各个要素和潜在损失水平赋予数值或货币金额，通过对度量风险的所有要素进行赋值，建立综合评价的数学模型，从而完成风险的量化计算。定量分析方法较为准确，但前期建立系统风险模型较困难。定性与定量结合分析方法就是对风险要素进行赋值和计算，根据需要分别采取定性和定量的方法完成评估。

基于模型的风险评估与管理工具是在对系统各组成部分、安全要素进行充分研究的基础上，对典型系统的资产、威胁、脆弱性建立量化或半量化的模型，根据采集信息的输入得到评价结果。

4. 系统基础平台风险评估工具

系统基础平台风险评估工具包括脆弱性扫描工具和渗透性测试工具。脆弱性扫描工具又称安全扫描器、漏洞扫描仪等，主要用于识别网络、操作系统、数据库系统的脆弱性。通常情况下，这些工具能够发现软件和硬件中已知的弱点，以判定系统是否易受已知攻击的影响。

脆弱性扫描工具是目前应用得最广泛的风险评估工具之一，主要实现操作系统、数据库系统、网络协议、网络服务等的安全脆弱性检测功能，目前常见的脆弱性扫描工具有以下几种类型。

（1）基于网络的扫描器：在网络中运行，能够检测如防火墙错误配置或连接到网络上的易受攻击的网络服务器等的关键漏洞。

（2）基于主机的扫描器：发现主机的操作系统、特殊服务和配置的细节，发现潜在的用户行为风险，如密码强度不够，也可实施对文件系统的检查。

（3）分布式网络扫描器：由远程扫描代理、对这些代理的即插即用更新机制、中心管理点三个部分构成，用于企业级网络的脆弱性评估，分布和位于不同的位置、城市甚至不同的国家。

（4）数据库脆弱性扫描器：对数据库的授权、认证和完整性进行详细的分析，也可以识别数据库系统中潜在的弱点。

渗透性测试工具根据脆弱性扫描工具的扫描结果进行模拟攻击测试，判断脆弱性被非法访问者利用的可能性。这类工具通常包括黑客工具、脚本文件。渗透性测试的目的是检测已发现的脆弱性是否真正会给系统或网络带来影响。通常渗透性测试工具会与脆弱性扫描工具一起使用，并可能会给被评估系统的运行带来一定影响。

5. 风险评估辅助工具

科学的风险评估需要大量的实践和经验数据的支持，这些数据的积累是风险评估科学性的基础。风险评估过程中，可以利用一些辅助性的工具和方法来采集数据，帮助完成现状分析和趋势判断，具体如下：

（1）检查列表：是基于特定标准或基线建立的，对特定系统进行审查的项目条款。通过检查列表，操作者可以快速定位系统目前的安全状况与基线要求之间的差距。

（2）入侵监测系统：通过部署检测引擎，搜集、处理整个网络中的通信信息，以获取可能对网络或主机造成危害的入侵攻击事件；帮助检测各种攻击试探和误操作；也可以作为一个警报器，提醒管理员发现的安全状况。

（3）安全审计工具：用于记录网络行为，分析系统或网络安全现状；它的审计记录可以作为风险评估中的安全现状数据，并可用于判断被评估对象威胁信息的来源。

（4）拓扑发现工具：通过接入点接入被评估网络，实现被评估网络中的资产发现功能，并提供网络资产的相关信息，包括操作系统版本、型号等。拓扑发现工具的主要功能是自动完成网络硬件设备的识别和发现。

（5）资产信息搜集系统：通过提供调查表的方式，实现被评估信息系统数据、管理、人员等资产信息的搜集功能，了解组织的主要业务、重要资产、威胁、管理上的缺陷、采用的控制措施和安全策略的执行情况。此类系统主要采用电子调查表的形式，需要被评估系统管理人员参与填写，并自动完成资产信息获取。

（6）其他：如用作评估过程参考的评估指标库、知识库、漏洞库、算法库、模型库等。

10.2.2 资产评估

资产评估是风险评估中的重要因素。任何对组织具有价值的事物，包括计算机硬件、通信设施、建筑物、数据库、文档信息、软件、信息服务和人员等，所有这些资产都需要妥善进行保护。对资产的评估需要从价值、重要性或敏感度等方面来考虑。在 GB/T 20984—2007《信息安全技术　信息安全风险评估规范》中，将资产评估分为保密性赋值、完整性赋值、可用性赋值，不同维度的计算对应的是资产在相应维度上出现损失时所产生的影响。从以上三个维度进行综合计算后能得出资产重要性等级。

10.2.3 威胁识别

安全威胁是可以导致安全事故和信息资产损失的活动，是可能对资产或组织造成意外事件的潜在原因，即某种威胁源或威胁代理成功利用特定弱点对资产造成负面影响的潜在可能。安全威胁的识别方式主要有：漏洞模拟攻击、人工评估、策略及文档分析和安全审计等。通过威胁评估手段，一方面可以了解组织信息安全的环境；另一方面可以对安全威胁进行半定量赋值，分别表示不同的安全威胁。造成安全威胁的因素可以分为人为因素及环境因素，人为因素可分为恶意和非恶意两种；环境因素包括自然界不可抵抗的因素和其他物理因素。安全威胁的作用形式是对信息系统进行直接或间接的攻击，在资产的机密性、完整性或可用性等方面造成损害。

安全威胁出现的品类是威胁赋值的重要内容，在评估中可以根据安全事件报告中出现威胁的频率进行统计；在实际环境中通过检测工具及各种日志发现的威胁及其频率进行统计；国际组织在近一两年统计的特定行业或社会出现的威胁及其频率等信息对威胁出现的品类进行统计分析，对不同威胁划分出不同等级，分析得到的威胁赋值需要得到评估方的认可。

10.2.4 脆弱性识别

安全威胁通过对资产脆弱性的利用才可能造成危害，资产脆弱性识别是风险评估的重要环节。脆弱性识别主要是从管理和技术两个方面进行的，物理层、网络层、系统层、应用层等的脆弱性属于技术脆弱性；管理脆弱性分为技术管理脆弱性和组织管理脆弱性两个方面。根据不同的识别对象，其脆弱性识别的具体要求可以参考技术或管理标准实施。

脆弱性赋值是根据对资产的损害程度、技术实现的难易程度、脆弱性的严重程度，以等级方式对识别的脆弱性严重程度进行赋值。脆弱性严重程度可以进行等级化处理，不同等级代表着资产脆弱性严重程度的情况，等级越高，脆弱性程度就越高。

10.2.5 已有安全措施确认

在对脆弱性进行识别时，评估人员应对已采取的安全措施的有效性进行确认，核实其是否抵御了威胁，对有效的安全措施可以继续维持。针对有缺陷的安全措施确认是否应取消或对其进行修改，或者直接用新的方案取代。

安全措施分为预防性安全措施和保护性安全措施，降低威胁利用脆弱性导致安全事件发生的可能性被称为预防性安全措施；保护性安全措施能减少安全事件发生后对组织或系统造成的影响。已有安全措施确认和脆弱性识别存在联系，评估人员在识别脆弱性时，也需要对已采取的安全措施进行有效确认。

10.2.6 风险分析

综合安全事件所涉及的资产价值及脆弱性的严重程度，判断安全事件造成的损失对组织的影响。根据 GB/T 20984—2007《信息安全技术　信息安全风险评估规范》给出的计算原理，风险值=$R(A,T,V)=R(L(T,V), F(I_a,V_a))$，$R$ 表示安全风险计算函数，A 表示资产，T 表示威胁，V 表示脆弱性，I_a 表示安全事件所作用的资产价值，V_a 表示脆弱性严重程度，L 表示威胁利用资产的脆弱性导致安全事件的可能性，F 表示安全事件发生后造成的损失。

风险的具体计算中有三个关键计算环节：计算安全事件发生的可能性、计算安全事件发生后造成的损失、计算风险值。

（1）计算安全事件发生的可能性。根据威胁出现频率及脆弱性情况，计算威胁利用脆弱性导致安全事件发生的可能性，即安全事件的可能性＝L(威胁出现的频率，脆弱性严重程度)＝$L(T,V)$。

（2）计算安全事件发生后造成的损失。根据资产价值及脆弱性严重程度，计算安全事件一旦发生可能造成的损失，即安全事件造成的损失＝*F*(资产价值，脆弱性严重程度)＝$F(I_a,V_a)$。

（3）计算风险值。根据计算出的安全事件的可能性及安全事件发生后造成的损失，计算风险值，即风险值=*R*(安全事件发生的可能性，安全事件发生后造成的损失)=$R(L(T,V), F(I_a,V_a))$。通过矩阵法和相乘法计算安全风险等级。

1. 矩阵法计算安全风险

矩阵法需要确定二维计算矩阵，各要素的值根据具体情况和函数递增情况来计算，两个值在矩阵中进行对比，行列交叉处是所确定的计算结果。矩阵法的特点是通过构造两两要素计算矩阵，可以清晰地罗列要素的变化趋势。在风险值计算中，通常需要对两个要素确定的另一个要素值进行计算，如由威胁和脆弱性确定安全事件发生可能性值、由资产和脆弱性确定安全事件发生后造成的损失等，同时需要整体掌握风险值的确定，因此矩阵法在风险分析中被广泛采用。

2. 相乘法计算安全风险

相乘法提供一种定量的计算方法，直接使用两个要素值进行相乘得到另一个要素的值。相乘法的特点是简单明确，按照统一公式进行计算即可得到所需结果。

因此，相乘法在风险分析中得到了广泛应用。

评估人员根据采用的风险计算方法计算资产风险值，以风险值的分布情况确定每个等级设定风险值范围，对所有风险计算结果进行等级处理。需要针对组织不可接受的风险从管理和技术的角度制定风险处理计划。对不可接受的风险选择适当的安全措施后，为确保安全措施的有效性需要进行再评估，判断残余风险是否已降至可以接受的范围。对于采取安全措施后残余风险仍在不能接受范围内的，还需要考虑是否接受此风险或进一步加强安全措施。详细计算方法可参考 GB/T 20984—2007《信息安全技术　信息安全风险评估规范》附录 A。

10.2.7　风险评估文档记录

风险评估文档，即在整个风险评估过程中产生的评估过程文档和评估结果文档，包括但不限于风险评估方案、风险评估程序、资产识别清单、重要资产清单、威胁列表、脆弱性列表、已有安全措施确认表、风险评估报告、风险处理计划、风险评估记录等。在记录文档过程中需要确认文档发布前已得到批准、文档的更改和现行修订状态可识别、文档的分发得到适当控制，防止作废文档的非预期使用。对于风险评估过程中形成的相关文档，还应规定其标识、存储、保护、检索、保存期限及处置所需的控制。

10.3　各阶段的风险评估

在信息系统生命周期的各个阶段，风险评估应该贯穿其中，根据各阶段实施的内容、对象和安全需求的不同，以相同的风险评估原则和方法进行风险评估。在信息系统的规划设计阶段、建设验收阶段、运行维护阶段，根据其侧重点的不同进行具体实施。

在规划阶段，风险评估的目标是识别系统的业务战略，以支撑系统安全需求及安全战略等。规划阶段的风险评估应该能够描述信息系统建成后对现有业务模式的作用，以确定信息系统建设应该达成的目标。

在设计阶段的风险评估中，需要详细评估设计方案中对系统所面临威胁的描述，将使用的具体设备、软件等资产及其安全需求列表。本阶段需要根据规划阶段所明确的系统运行环境、资产重要性，提出安全功能需求。设计阶段的风险评估结果需要对设计方案中所提供的安全功能符合性进行判断，这是采购过程中风险控制的依据。

实施阶段的风险评估可以参考实施方案和标准，对实际建设结果进行测试分析，主要目标是根据系统安全需求和运营环境对系统开发、实施过程进行风险识别。在实施验收时根据设计阶段分析出的威胁和制定的安全措施，进行质量控制。实施阶段风险评估主要是对系统的开发和产品技术获取、系统交付实施两个过程进行评估。

运行维护阶段的风险评估的主要目标是了解和控制运行过程中的安全风险，在本阶段需要定期对真实运行的信息系统、资产、威胁和脆弱性等方面执行风险评估，包括组织业务流程、系统状况发生重大变更的情况。

在废弃阶段的风险评估需要对废弃资产对组织的影响进行分析，根据不同的影响制定不同的处理方式。因为废弃系统可能会导致新的威胁产生，所以废弃资产的处理过程需要在有效的监督下进行，并需要对废弃的执行人员进行安全教育。

10.4 风险处置规划

风险处置规划的流程中应确定弥补漏洞所采取的对应安全措施、效果、实施条件、进程安排和责任人等。采取的措施应该是以管理和技术并行的方式，以确保安全风险得以消除。

10.5 风险控制

风险控制需要从维护、监控、应急响应、安全意识培训、再评估与认证五个环节把控。维护以检查日志文件、修改调整必要的参数，以及响应变化需求、更新版本、安装补丁为主；监控则是监控资产、监控威胁、监控脆弱性；应急响应需要对网络安全中的突发事件，如突然干扰或打断系统的正常运行使其陷入某种级别危机的事件（如黑客入侵、DDoS 等）进行实时响应；安全意识培训主要针对相关人员从安全意识、培训和教育的角度进行教育确保风险计算值降低；最后的再评估与认证环节的目的在于确认实施安全措施后漏洞的利用率降低。

10.6 风险管理的跟进活动

长期性和复杂性会贯穿整个项目周期，为加强网络安全风险管理，持续的风险跟进活动必不可少。在网络运行期间，需要配置管理目标，辨识并校验已确定的配置项目的数据和状况，对系统及其配置项目的变化进行分析和控制，以防保障系统中出现的偶然或恶意的变化让安全措施的效力和组织整体上的安全受到威胁。

为了将风险造成的影响控制到最低值，需要使用标准化的方法和程序确保有效而及时地处理威胁。业务连续性计划和灾难恢复计划是在业务发生紧急情况或遭到破坏后所采取的过渡恢复措施，涉及包括程序和安全措施在内的协调策略，该方法使中断的信息系统、操作和数据得以恢复，以免业务遭受故障或灾难的影响。为保护关键业务过程免受重大故障或灾难的影响，可通过预防和恢复控制相结合的方式，将灾难和安全故障所引起的破坏减至可接受的水平。

10.7 风险评估工作形式

网络安全风险评估分为自评和检查评估两种形式，以自评为主，也可以和检查评估相结合。为保证风险评估的效果，可与系统相连的相关方配合，避免在业务执行过程中引入新的风险。

第 11 章 知识管理

在数字经济时代，网络安全企业的战略资源中知识资源是重要的构成部分。知识管理是信息技术和管理学交叉的学科，知识管理的目标是对企业所存在的知识进行管理。企业的数据库、知识库、文件柜，甚至员工的大脑都可能是企业知识存在的位置，这是现代网络企业重要且无形的资产。在网络安全行业，对于企业而言，知识的管理可以让组织整体实力得到不断的发展。

11.1 知识管理概述

随着知识管理在企业发展过程中日益受到重视，知识管理的方式和手段也日渐丰富。企业通过信息和专门的技术，可以更快速、更高效地掌握和运用知识，提高企业的组织机构的创新能力和响应能力、生产效率和技能素质，从而提高企业的竞争力。

11.1.1 知识与数据、信息的区别

知识和数据、信息并非完全一样，但又有很大的关联，三者在企业中发挥的作用各不相同，所以不能完全等价。数据展现的是企业某件事物的运动状态的原始数据，各数据间可以是没有关联的，数据不能说明确切的客观事实，只是数据或符号。数据只是知识的底层，不能说明重要的意义。数据只有在被分类、汇总进行分析阐述的时候才能完整地表达出数据存在的意义。数据本身是孤立的场景，只有在特定的环境中与具体的对象相结合才能有特定的价值。数据是组成信息和知识的原始材料。

信息对于企业而言是指各种事物运动状态的变化和反映，是企业组织的客观事物之间相互联系和作用的表征，传递的是企业组织中客观事物的运动状态和变化的实质内容。结合上述对数据的解释，信息可以是对数据进行分析处理后得到的结果，表现形式是通过文件或语言等方式进行交流，信息的目的在于消除不确定性。信息可以完善信息接收者对信息的认识、加深信息接收者对事件的认识，增加其对信息判断的准确性。信息具备传递的主旨，不然信息也就失去了传递的意义。信息可以是有意义的数据排列而成，借助信息接收者的认知能力对形成的数据进行系统组织、整理和分析，最终使各数据间产生关联性，形成对于信息接收者来说有价值的信息。

在企业组织中，信息和事件相结合，再联系相关的经验，最终形成了知识。结构化的经验、价值和相关信息，以及行业专家观点的融合构成了知识，这就提供了评价和产生新经验与信息的逻辑框架。一般而言，知识涵盖了对客观规律的把握，也包括针对特

定问题和需求在信息分析的基础上形成的解决方案。知识需要依靠信息来产生行动能力，知识也需要行动来表现。站在信息的角度而言，知识可以改变人的行为方式，可以让信息得以使用，但是信息不能单独存在于信息的集合中，也并非表现为对信息的存储和提取能力，信息只能在信息接收者对信息的运用中体现和产生，将很多的信息材料进行内在联系并加以综合分析，最终得出结果。如果说没有信息的支持，企业员工也很难获得知识。不同阶段的不同层次，数据、信息和知识对其有不同展现，数据可以通过分析处理传递出有用的信息，信息通过信息接收者的整理再形成知识。数据、信息、知识三者间的关系如图 11-1 所示。

图 11-1　数据、信息、知识间的关系

知识起源于接收者的认知，并且对接收者有一定的驱动作用。在企业内部，知识不仅存在于各种文档数据库中，也会渗透到企业的内部日常工作、过程、实践和各种流程规范中。这就说明知识不是单一的，而是通过各种元素进行融合后形成的，知识不仅是流动的，也是结构化的，知识是接收者的直觉感受，所以用语言进行传递会存在言传和逻辑上的不完全性。

在数字经济时代，知识经济通过信息、知识的生产传播和使用成为现代科学技术的核心，知识的持有者和知识的接收者可以通过创造、组织和传递形成更加深刻和丰富的知识。

11.1.2　知识的分类

从不同的研究视角、研究目标和对知识不同程度的理解，可以对知识进行不同的分类。亚里士多德将知识分为纯粹理性、实践理性和技艺；罗素从知识的来源角度将知识分为直接经验、间接经验和内省经验；赖尔和波兰尼从知识所具有的性质的角度对知识进行分类，赖尔将其分为知识是什么、知识为什么，波兰尼则将其划分为显性知识和隐性知识。当前，学术界认可度最高的知识分类方法是世界经济合作与发展组织（Organization for Economic Cooperation and Development，OECD）出版的 *The Knowledge-Based Economy* 中总结的：事实知识（Know-What）、原理知识（Know-Why）、技能知识（Know-How）和人力知识（Know-Who）。书中对于知识的分类让人们加深了对知识本质的认识，Know-Why 表现自然、社会、人的心理活动的规则和趋势等，被称为科学原理知识探索；Know-How 归类的是从事实践工作的技能、经验和各种行动准则，这些被称为技能知识。从知识获取的途径来看，以上知识可以分为显性知识和隐性知识两类。

所有通过文字、图像和符号等可以信息化的知识称为显性知识。显性知识可以通过书本、光盘等媒介承载，有具体的可以存储数据的空间或物体，有一定的结构和公共属性，可以通过印刷或信息化的方式进行传播，属于显性知识的有事实知识和原理知识。

没有通过语言或其他形式表达出来的知识被称为隐性知识。一般而言，隐性知识是组织和个人通过长期的积累形成的、比较难以用语言文字表达出来的知识，如情感、信仰、经验或技能等。这类知识不能传递给外界，或者传递起来比较困难，非结构性和私有属性是隐性知识的特点，通过传播者和接收者的交流、沟通、参与协作等方式进行传播，技能知识和人力知识属于隐性知识。

知识管理可以充分挖掘个人和组织的隐性知识，并能将知识最大限度地显性化，让知识的传播和共享交流促进团队成员的创新能力和实践能力发展。隐性知识是显性知识的根源，也是知识的核心成分。对人类的认知有决定性作用的是隐性知识，隐性知识在科学、研究、发明创造等领域具有关键作用，也是企业和员工个人成功的关键。隐性知识位于显性知识之下，显性知识只是浮出于水面上的“冰山一角”，大部分的隐性知识位于“水下”。

11.1.3 知识的循环转化

知识管理的重要观点之一是挖掘潜伏于人类大脑中的隐性知识，并能将其最大限度地显性化，知识的共享和交流可以有效地促进知识的共享，所以这是一个转化的过程。隐性知识的特征反映了人类知道的内容比可以表达出来的内容更多，隐性知识会更有价值。

显性知识和隐性知识间的转化是一个动态的过程，知识在管理过程中不断地动态循环。日本著名学者 Nonaka 和哈佛大学学者 Tadeuchi 在其著作 *The Knowledge-creation Company* 中说明了显性知识和隐性知识间的关系，他们认为知识创造和转化有四个过程，分别是社会化（Socialization）、外化（Externalization）、组合化（Combination）和内化（Internalization），四者构成的就是 SECI 模型。SECI 模型完整地阐述了隐性知识和显性知识之间的转化，如图 11-2 所示。

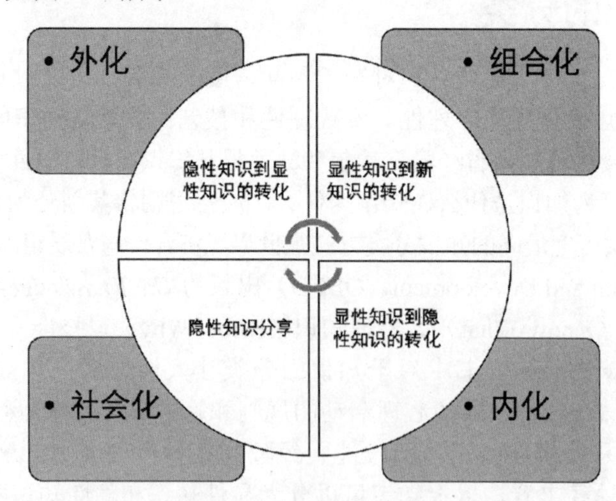

图 11-2　知识循环转化过程

隐性知识的分享展示的是知识社会化的过程，组织成员间可以进行经验、心得等隐性知识的分享，从而达到创新隐性知识的目的。例如，师傅带徒弟、老鹰带雏鹰等是通过观察、模仿、言传身教等途径分享隐性知识的过程。

挖掘隐性知识并将其转化成显性知识就是知识的外化过程，通过多种形式把隐性知识以人们易于理解的方式表达出来，让接收者易于理解，简单来说就是将隐性知识以多种表现形式进行传播。

将显性知识转化为隐性知识称为知识的内化过程，该阶段需要进行长期的教育训练，并不断地实践。个人经验经历了社会化、外化、组合化后，再内化成个人的隐性知识，存在于个人的大脑体系中，形成个人有价值的知识资本。

不同阶段中对各种能力的侧重有所不同，隐性知识到隐性知识的转化过程需要强调的是人与人之间的协作能力；隐性知识到显性知识的转化的重点是知识的积累；显性知识到显性知识的转化过程需要关注的是知识的传播；显性知识到隐性知识的转化过程需要强调知识的生成。以上四个知识的转化过程是相互联系且螺旋式上升的。在个人到个人、个人到组织之间的知识传播过程中，新的隐性知识也会再次产生。在此过程中，显性知识和隐性知识都会不断得到扩大和积累，组织中的学习成员的知识储备量会不断增加，团队基于知识的创作和发展能力得以提升。

11.2 知识管理的难点

知识管理不同于企业的物质资产管理，知识资产是无形的，需要以新的理念、新的方式和手段进行灵活化的管理。首先，知识管理需要鼓励企业内部的信息和知识共享文化，建立知识共享型的企业文化需要企业管理者的重视。其次，知识管理的成功需要将知识和工期业务进行深度结合。虽然知识管理有搜集、分类、存储和使用的过程，但对于企业而言，要想真正发挥其作用，需要和特定的业务进行关联。最后，从隐性知识到显性知识的转化过程，需要对隐性知识进行大量的分析总结才能形成显性知识。传播也会受到个人的局限，而且不同的人的表达和理解能力有偏差，不能完全保证知识在传播中不受到影响，所以对于企业而言，要将隐性知识进行及时有效的转化。

11.3 知识管理的含义

新兴技术的不断更迭促使经济的增长更加依赖于知识的生产、传播和应用。知识是人力资源和技术的重要构成部分。企业和管理科学对于知识管理领域的研究也越来越深入。知识管理不仅可以为管理学增添新的研究内容，也表现出对管理模式的较大的革新，这不仅使得管理学研究有严格的理论基础，也使其有了可操作的技术方式，对于管理学研究有巨大帮助。知识管理突出的是对虚拟资源的管理。

关于知识管理的定义，国内外专家学者从技术、控制论、战略高度及实践的角度进行了总结和分类。目前呈现的观点有技术学派、行为学派和综合学派。技术学派的观点是，知识管理就是对信息的管理，看重的是对知识管理的技术要求，主张通过计算机或信息化技术实现知识管理；行为学派的观点是，知识管理就是对人的管理，侧重的是通过对人大脑中知识的获取、存储和应用创新进行管理，强调的是人的特征，与之相关的是心理学、社会学等，不仅只是关注于技术方向；综合学派就是以上两种理念的结合，他们认为知识管理不仅是针对技术或人进行管理，也需要将二者结合后进行管理，知识管理需要将技术对知识的处理能力和人的创新能力相结合，增强组织对环境的适应能力。

现在业界通常认为在合适的时机将信息和知识传递给合适的人，让人能够有效利用知识，并在其指导下采取行动，可以为组织产生效益。

结合国内外专家学者的思想，对于知识管理的基本原理是以知识作为被管理的对象，研究的内容涉及知识的生产、组织、转化、获取、传播、共享等一系列活动，这个过程和企业的其他职能方面息息相关，如人力资源管理、企业文化塑造、培训和激励机制的制定，以知识为核心、结合信息化工具，通过知识的开发创造、组织发展、分发、使用等步骤，使企业知识管理能够促进企业业绩的显著提高。知识的积累、共享和传播是知识创新的基础，组织对企业知识的创新和应用是实现知识管理的目标。知识管理具有以下几个特点：

（1）知识管理是通过创造、存储和应用知识来提升企业的绩效，而且知识管理是动态的过程，其功能是促进显性知识和隐性知识间的转化，对隐性知识的显性化具有明显的推动作用。

（2）知识管理能实现知识传播的最优化，通过适当的技术手段，可以将合适的内容传递给合适的人。

（3）知识的共享和交流是企业进行知识管理时关注的重点。每个人对知识的理解分析能力各不相同，当对知识进行共享交流时，知识才能发挥其增值作用，但是如何将知识变成可分享的资源是知识管理需要关注的问题。

（4）知识管理需要将人和技术有机结合，社会环境及心理特征等也会对组织成员的行为产生影响。

知识管理就是将各种信息转化为知识，同时将人和知识有机整合后进行传播，如此循环即可对知识的获取、应用和创新进行规范化的管理。

11.4 知识管理的实施

知识管理的目标在于提供优秀的协作和知识管理解决方案，为企业实现知识的搜集整理、存储和发放，帮助组织实现知识管理的透明度，让组织成员可以随时随地获取企业知识。关注知识的搜集、汇总、分类和共享，用这些知识帮助企业进行创新，是企业管理的关键环节，在这个过程中不仅能帮助组织成员高效地完成知识分类和新信息的搜索，同时也能帮助企业发现已有的显性知识，这都是企业内部能共享且能产生价值的资产。将知识存储在组织成员能便捷操作访问的空间内，定向将合适的内容分享给合适的人，以组织内成员的共同成长促进企业在行业内的竞争优势的提高。

进行知识管理需要遵循以下几个原则：

（1）知识共享是知识管理的基础，知识资产不同于物质资产，知识资产的共享让组织不能完全拥有其所有权，所以对于知识的管理就没有特殊的原理。另外，知识可以随着共享而增长。

（2）在企业组织内部进行有效的团队活动有助于对人力资源进行快速挖掘，知识在共享后才能表明组织对知识有了大的所有权，当组织成员离开组织时，这部分成员的知识会保留在组织中。

（3）因为知识在产品或服务的价值创造过程中发挥的作用非常关键，这也说明了知识的价值。结合人力资源原理，组织应该了解哪部分人群是企业的关键技术人才，哪些技术对整个行业而言是处于战略性地位的，所以在知识管理中需要注重才能的判断识别。

（4）前面我们介绍了知识分为显性知识和隐性知识。在组织中，两种形式的知识都存在，隐性知识是处于“冰山之下”的更为巨大的存在，对于管理者而言，需要想办法对组织中的隐性知识进行管理。

（5）知识和物质财富资产对于企业而言同样重要，并且知识资产与物质和金融资产一样具有重要作用，当企业的价值需要无形资产来发挥效力时，知识资产的替代作用会更加明显。

众所周知，知识在传播过程中，通过组织成员间的交流，不仅传播者会继续拥有这个知识，同时能在传播过程中让知识增值，继续形成积累，形成数量和质量的优势。在组织内部形成有助于成员交流和学习的氛围，让知识的共享成为组织内的经常性行为，以促进企业和社会的共同发展。

信息技术的发展是知识管理强有力的工具，信息技术可以打破企业内部因地区、产品技术方向等不同产生的差异，以信息技术实现协调统一，完成知识管理的整合及快速传播。通过信息技术可以实现传播者和接收者的效率，提高企业与客户沟通的效率及质量，缩短知识传播的过程。例如，Lotus、Kmpro 等知识体系是很多企业针对知识管理而广泛采用的技术，把技术和人相结合，可以实现知识管理的有效闭环。知识库和文档管理、知识传播的工具都是知识管理的常见工具。根据不同的情况，需要使用不同的信息技术实现管理系统。随着技术手段的不断进步，新技术也会不断应用到知识管理当中，使知识管理不断完善。

11.5 知识管理的架构

国内大多数企业的信息管理系统随着信息化建设的不断发展越来越丰富。很多政府部门和大型企业都在 Lotus 或其他平台上开发企业基础设施，推动了企业自动化办公。基于企业级信息集成的流程自动化突破了传统的以数据处理为中心的企业计算，也奠定知识管理的基础。在数字经济时代，建立企业的知识库文档，以信息化的手段进行推广，可以帮助企业更好地去把握数字经济机遇。

把数据转化为信息，并发挥信息在实现组织目标上的作用，信息管理通过延伸和发展成为知识管理。通过知识的积累和创造、组织人员和知识的有机结合，从而达成企业的业绩目标。企业成员在交流互动中实现知识的共享，群体的知识创新可以让企业实现竞争优势。

在企业管理发展的进程中，信息技术已经渗透到多个方面。网络技术、信息技术和通信技术可以帮助知识管理实现高效共享、快速整合和持续创新，让企业员工有更好的知识工作环境，实现信息处理能力和员工知识创新的最优化，进一步提高企业的工作效率。

知识的创造离不开信息系统，企业需要从信息导向的组织向知识导向的组织转变，这样才足以应对数字化浪潮带来的巨大变革，也才能更好地迎接新的挑战。知识资产不同于企业物质资产，知识是无形的资产，更加难以管理。所以在知识管理中，企业需要创造合适的平台，形成知识的创造、搜集、传播和使用的完整闭环，建立知识管理的指导原则，需要以人、处理流程、信息技术和管理实现知识管理的框架。

人、处理流程、信息技术和管理是知识管理中的重要因素。知识管理需要以组织策略作为指导，让公共区域的知识成为企业组织的重要部分，形成自动循环的机制。在知识的创造和存储使用过程中，人需要在习惯上做出行为上的转变。不同时期实现知识管理所需要的方法和技巧即是其处理过程，确定用什么工具和技术来增强处理过程的特性是知识管理的信息技术需要解决的问题。知识管理架构质量的优劣取决于如图 11-3 所示的四个因素。

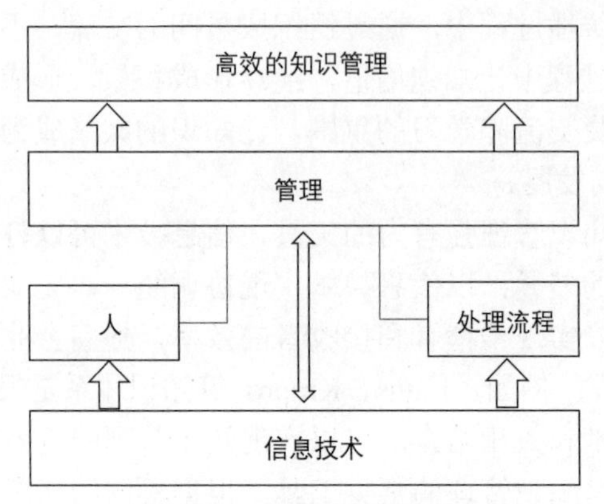

图 11-3　知识管理架构

人是知识的创造者，也是知识的使用者，所以人是知识管理的主体。如果缺少了人的积极主动参与，那知识管理很难达到预期效果。只有充分发挥人的主观能动性，通过人来进行知识的积累和分类整理，知识管理才具备存在的意义。单纯的技术知识不能完成知识管理，知识管理是以人为中心、把信息技术投入知识管理中的综合性的系统工程。

在整个知识管理过程中，流程的处理和信息技术实现的分享传播可以实现，组织成员的心理挑战难度更大。组织成员需要了解进行知识分享的原因，可以通过建立奖惩机制来提高组织成员对于知识分享的积极性。奖惩机制也是对组织成员的贡献表示肯定，让成员更有知识分享的成就感。当知识管理成为企业日常活动不可或缺的一部分时，知识管理者可以通过邮件、新闻等方式培养组织成员成为知识中心的共同实践者，让整个团队建立分享知识的固定平台，让企业内部员工在获取知识时更加方便快捷，从而实现企业通过知识经验的驱动为业务目标助力。

知识生产、知识共享、知识运用到知识创新的整个过程表明知识管理是动态的过程。知识的生产过程包括对知识进行搜集汇总、分类和存储。前面我们介绍过对于显性知识的处理比隐性知识更为容易。对于组织而言，要想达到优质的知识管理需要通过多种途径，如组织线下的组织研讨会或培训等，让组织成员进行知识交流与分享。如今，随着网络技术的不断发展，还可以通过线上培训、线上会议、讨论群组等方式进行网络交流学习。除此之外，企业内部通过知识库进行交流学习也是企业常用的知识共享方式。利用显性知识去解决工作中面临的问题，在解决过程中一方面利用了已有的知识，另一方面也产生了新的知识，让组织成员延伸和重建了个人的知识储备。知识管理的最好状态是实现知识的创新，帮助组织内个人和企业整体实现知识规模的质和量的提升。知识产生、传播和运用的相互作用是实现知识创新的必不可少的条件。

在知识管理的过程中，需要进行知识积累、认识组织关注的领域，使之更为聚焦于策略，让知识管理能影响组织的性能、确认知识在不同的组织或外界环境中是否有差异性。这样的差异性存在于组织或组织和外界的环境中，通过研究调查建立新的知识，再评估知识的关联、正当性和准确性，确定知识是组织所需要的，然后对其进行分类存储，确保组织成员可以随时获取知识，授予成员对存储的知识内容的新增、修改或删除等权限。

知识生产、共享和使用的过程都离不开信息技术的支撑。例如，通过数据库来实现知识的存储，以搜索技术来发现知识，通过云技术实现知识的共享等。虽然知识的管理是技术活动，但是却通过技术的方式得以呈现出来。信息技术可以将知识管理中的人、知识和存储设备进行高效的关联。

计算机设备、网络和系统软件是组织成员获取知识的必要条件。确认有效的网络可以连接组织的计算机设备，让知识管理的系统可以连接。将知识存储到系统中，并建立相应的入口，可以方便知识的快速获取，让组织成员可以按需索取知识。

建立知识管理中心，并不断地进行扫描，使知识管理中心可以起到维护知识管理入口和内容的作用，确保入口符合组织成员的使用习惯和需求。同时，知识管理中心可以和企业内的其他组织进行联动，挖掘更多可以进行知识分享的内容，通过长期的运营可以形成教育课程。

11.6 知识存储

在组织的日常工作中，决策支持系统发挥的作用越来越大。数据在数字经济时代对于企业而言是极为重要的组成部分，可以帮助企业提供基础建设，以挖掘、存储更多的数据资料。数据存储和分析可以为组织管理者提供做出正确决策的依据。但是很多知识存在于组织成员的大脑中，少部分的知识存储在计算机设备中，所以对数据的获取、存储可以为知识的产生提供坚实的基础。同时，可以延伸数据模型，让其成为知识存储的情报生成平台，从而支撑管理者做出相应决策。

知识存储的目标在于提供智能型的分析平台来增强管理者对于知识的全面深度管理。增强信息价值的实现，通过对信息和数据的过滤、存储、回收、传播建立体系化的知识管理流程。新知识由显性知识和隐性知识相互作用而产生，需要社会化的表达将其整合成易于人们理解的知识。

知识存储包括知识存储、知识循环、知识获取及转化、知识分析、传播过程中管理者使用的模型接口。知识存储架构如图 11-4 所示。管理者需要使用的接口模块主要有：知识获取模块，主要负责隐性知识和显性知识的转化，直接从决策者或使用者获得隐性知识；知识获取模块及知识存储模块的回馈循环，不仅可以存储显性知识，也可以提供将知识从接收者传播到其他使用者的能力；回馈循环是获取、转化及负载模块与沟通管理者模块间的循环，用以存储系统中产生的新确认的显性知识。知识获取、转化等将外部数据放入知识存储区域。分析平台需要掌控所有分析工作的交互，包括工作控制、知识创造和技术管理。沟通板块需要管理的是KBMS和使用者接口的所有分析，主要包括知识工程师、查询工作者、结果呈现管理者、在线协助人员及使用者接口。

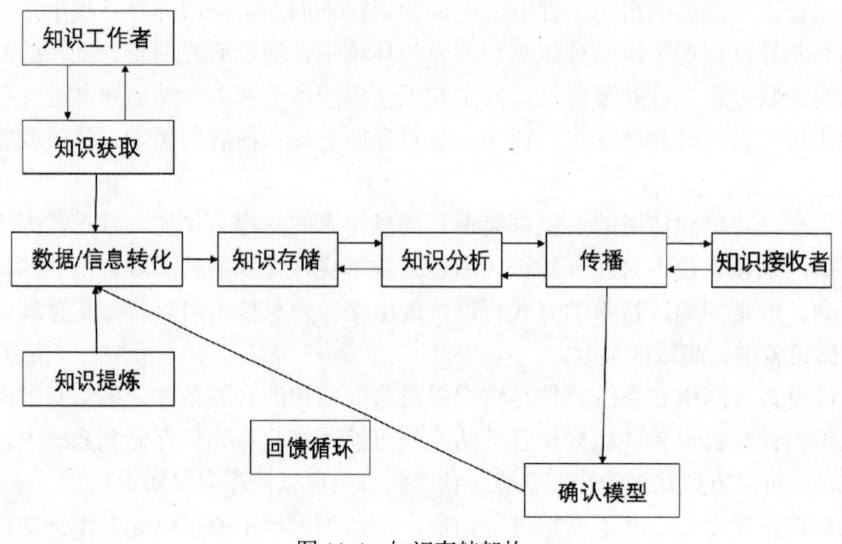

图 11-4　知识存储架构

综上所述，数据、信息和知识三者彼此间存在紧密的关系，从隐性知识到显性知识需要有社会化、外化、组合化和内化的螺旋式上升的过程，这些是知识管理的前提。在知识管理的过程中，知识积累、共享和交流是三大关键。要想实现成功的知识管理，需要通过现代化的技术手段及信息化工具处理好人、处理流程、信息科技和管理的知识框架，完善企业的知识存储，让组织成员可以更为便捷地获取知识，提高知识分享的效率，最终形成智能化的知识共享平台，使企业员工可以全方位利用知识从而更有力地为企业服务。

组织针对知识的全生命周期进行知识的集约化管理、知识的应用、知识的共享交流，创造良好的政策环境。同时，企业的高层管理者需对此加强重视，建立知识共享的机制及培训制度，帮助企业提高管理的效率，促进企业内部人才的提升。

第 12 章 安全运营平台建设

本章主要介绍安全运营平台建设的理论模型、平台架构及平台的功能。安全运营平台主要以八个理论模型作为理论支持，分别为 PPDR 模型、ISMS 信息安全管理体系、ITIL 信息技术基础架构库、项目管理、产品开发管理知识体系、风险管理、质量管理体系、业务流程管理/价值链。

12.1 模型介绍

12.1.1 PPDR 模型

PPDR 模型，即策略保护检测响应模型，该模型在总体安全策略的控制和指导下，在综合运用防火墙、身份认证、加密等防护工具的同时，利用漏洞评估、入侵检测等检测工具了解和评估系统的安全状态，通过适当的响应将系统调整到更安全的状态。其中保护、检测和响应形成一个完整、动态的安全循环。

PPDR 的思想是，通过一致性检查、流量统计、异常分析、模式匹配，以及基于应用程序、目标、主机和网络的入侵检测等方法来检测安全漏洞。检测将系统从静态保护转变为动态保护，为系统的快速响应提供了基础。当系统出现异常时，会根据系统安全策略做出快速响应，从而达到保护系统安全的目的。

PPDR 模型包括四个主要部分：策略（Policy）、防护（Protection）、检测（Detection）和响应（Response）。

（1）策略：是指信息系统的安全策略，包括访问控制策略、加密通信策略、身份认证策略、备份和恢复策略等。政策体系的建立包括安全政策的制定、评估和实施。策略是该模型的核心，它决定了网络安全的目标和各种措施的力度。

（2）防护：是指通过部署和采用安全技术，如访问控制、防火墙、入侵检测、加密技术、身份验证、安全规则（基于安全策略的安全规则）和系统安全配置操作，提高网络保护能力，同时采取安全措施（使用防火墙、VPN 等安装系统、安装补丁等）。

（3）检测：是指利用信息安全检测工具对网络活动进行监测、分析和审计，以了解和确定网络系统的安全状态。检测这一环节，使得安全防护从被动防护发展到主动防御，这是整个模型动态性的体现。主要检测方法包括：实时监控、检测、报警等。检测主要是对以上两种方法的补充，通过检测发现系统或网络的异常情况，从而发现可能的攻击行为。

（4）响应：是指在检测到安全漏洞和安全事件时，通过及时采取响应措施，将网络系统的安全性调整到最低风险状态，包括恢复系统功能和数据、启动备份系统等。其主要方法包括：关闭服务、跟踪、反击和消除影响。响应是系统在发现异常或攻击行为后所采取的自动行为。目前的入侵响应措施比较简单，主要有关闭端口、断开连接、中断服务等，多种入侵响应方法的研究将是未来的发展方向之一。

12.1.2 ISMS信息安全管理体系

信息安全管理体系（Information Security Management System，ISMS）是1998年英国信息安全领域发展起来的一个新概念。它是管理系统（Management System，MS）思想和方法在信息安全领域的应用。信息安全管理体系是建立信息安全政策和目标的组织，以及在总体或具体层面上实现这些目标所使用的方法。它是直接管理活动的结果，表示为策略、原则、目标、方法、过程、核查表等元素的集合。

近年来，随着ISMS国际标准的制定和修订，ISMS在全球范围内得到了普遍的认可，已成为世界各国各类组织解决信息安全问题的有效方法。ISMS认证成为一个组织向社会和利益相关者证明其信息安全水平和能力的有效途径。

信息安全管理体系是按照信息安全管理体系有关标准的要求，制定信息安全管理政策和策略，并采用风险管理方法进行信息安全管理规划、实施的组织机构。信息安全管理体系是按照ISO/IEC 27001标准《信息技术　安全技术　信息安全管理体系要求》的要求建立的。ISO/IEC 27001标准是从BS 7799-2标准发展而来的。

ISMS信息安全管理系统是建立和维护信息安全管理系统的标准。该标准要求各单位建立并确定信息安全管理体系范围、制定信息安全政策、明确管理职责、基于风险评估选择控制目标和控制方法等活动。信息安全管理体系建立后，组织应按体系要求运行，以保持体系运行的有效性。信息安全管理体系应形成一定的文件，即组织应建立并保持文件化信息安全管理系统。它应该解释要保护的资产、组织风险管理的方法、控制目标和控制方法，以及所需的保证程度。

12.1.3 ITIL信息技术基础架构库

信息技术基础架构库（Information Technology Infrastructure Library，ITIL）是一系列全球公认的信息技术（IT）服务管理的最佳实践的总汇。它基于行业最佳实践框架，将IT服务管理业务流程应用于IT管理，旨在满足将信息技术应用于商业部门的发展需要。

ITIL于20世纪80年代首次出版，并被作为英国政府IT部门最佳实践的指南。它由政府商务办公室（Office of Government Commerce，OGC）出版和维护。它推出后不久，就被推广到英国的私营公司，并在欧美流行开来。OGC的初衷是通过应用ITIL来提高英国政府运营的效率，因此它得到了IT管理行业专家的帮助，并开始记录他们的经验。

今天的ITIL旨在帮助企业应对行业对IT服务日益增长的需求。它是目前全球IT服务领域认可度最高的系统和实用的结构化方法；ITIL集成了全球最佳IT实践，是IT部门规划、实施和运营维护的高质量服务指南。全球有超过1万家不同行业的领先组织正在使用ITIL流程来提高IT服务的效率和沟通。大量的成功实践表明，实施ITSM可以将

IT 部门的运行效率提高 25%～300%。

信息技术基础架构库按功能分为服务策略、服务设计、管理、服务转换、服务运营和服务改进。不仅在各大书店可以买到相关书籍，其软件也可以在网上购买。信息技术基础设施库服务和产品包括：培训、认证、软件工具和用户组，如 IT 服务管理论坛（itSMF）。信息技术基础设施图书馆目前由英国政府商务办公室负责维护和开发。

对于网络管理员和其他 IT 人员来说，实现 ITIL 可能在他们当前的组织中扮演着更重要和更有价值的角色。获得这些技术的方法可能是 ITIL 基本认证。此外，与供应商提供的认证不同，ITIL 培训不局限于 IT 组织、角色或特定技术，从而大大简化了网络工程师的工作。许多首席信息官正在将他们的技术组织转变为内部服务提供商的角色，以确保他们提供给最终用户的应用程序的质量。

12.1.4　项目管理

项目管理是指在项目活动中运用专门的知识、技能、工具和方法，使项目在有限的资源条件下达到或超过既定的要求和期望的过程。项目管理是对与一系列目标的成功实现有关的活动（如任务）的全面监控，包括计划、调度和维护组成项目的活动的进度。

在项目管理方面，主要有项目管理知识体系（Project Management Body of Knowledge，PMBOK）和国际项目管理协会（IPMA）作为项目管理支持，如图 12-1 所示。

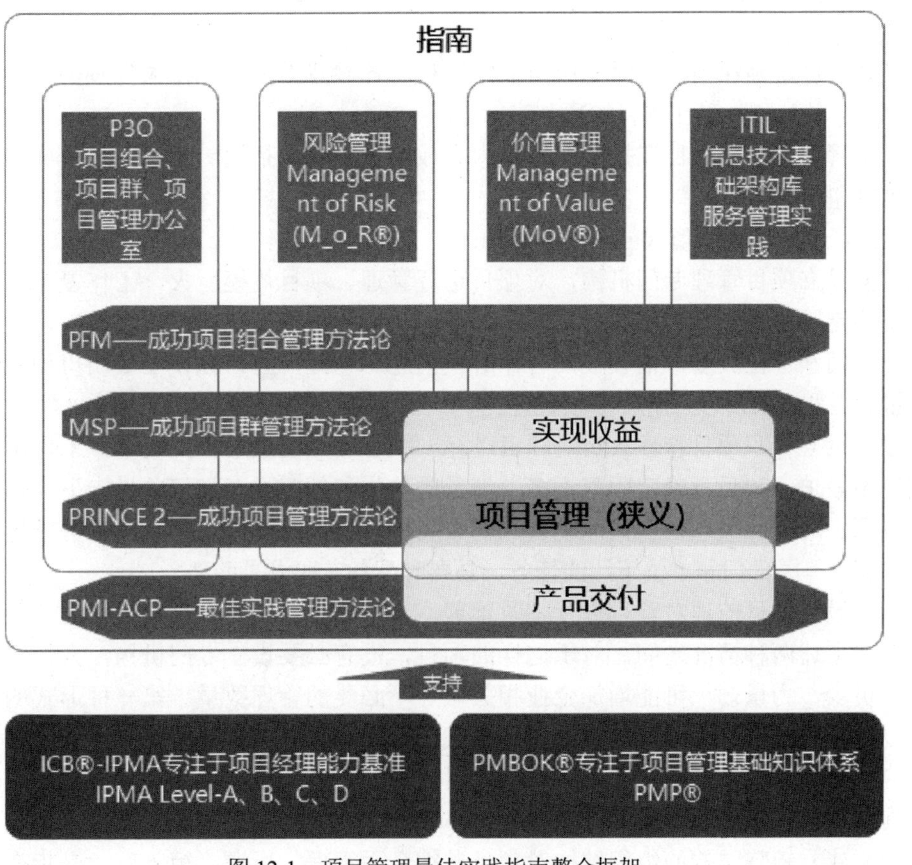

图 12-1　项目管理最佳实践指南整合框架

其中，项目管理知识体系是项目管理研究所（PMI）对项目管理所需的知识、技能和工具的总体描述。国际项目管理协会（IPMA）是一个在瑞士注册的非营利性专业国际学术组织。其作用是促进国际项目管理的专业化发展。国际项目管理资质标准（IPMA Competence Baseline, ICB）是IPMA建立的知识体系。项目管理计划是对项目经理的知识、经验和能力的综合评估。根据IPMP认证等级，获得各级IPMP项目管理认证的人员，将对大型国际工程、大型复杂工程、一般复杂工程承担责任，或者具有从事项目管理专业工作的能力。

根据项目管理中的时间逻辑，项目管理过程可以分为以下五个阶段：

（1）启动：成立项目组，启动项目新阶段或进入项目。

（2）计划：定义和评价项目目标，选择实现项目目标的最佳策略，制定项目计划。

（3）实施：调动资源，执行项目计划。

（4）控制：对项目偏差进行监视和评价，必要时采取纠正措施，确保项目计划的实施和项目目标的实现。

（5）收尾：项目或阶段的正式验收，使其按程序结束。每个管理过程都包括所需的输入、输出、工具和技术。

每个过程都通过其自身的输入和输出相互连接，形成整个项目管理活动。在项目管理中，最重要的三个因素是质量、进度管理和成本。

质量是项目成功的必要性因素和保证。质量管理包括质量策划、质量保证和质量控制。

进度管理是确保项目按时完成所需的过程。各参建单位必须在大计划的指导下编制本单位的分解计划，确保项目的顺利进行。

成本管理是确保项目在批准的预算内完成的过程，包括编制资源计划、成本估算、成本预算和成本控制。

此外，项目管理的形式分为以下四种：

（1）设立项目管理专门机构，对项目进行管理。项目规模巨大，工作复杂，时间紧迫，不确定因素多，新技术、新情况、新问题多，需要不断地进行研究解决，参与项目实施的部门和单位较多，需要彼此合作解决问题。为此，应单独设立专门机构，配备一定数量的专职人员对项目进行专项管理。

（2）设立专职项目管理人员对项目进行专职管理。有些项目规模小，工作不太复杂，时间也不紧迫，项目不确定因素不多，涉及的单位和部门不多，但前景未卜，仍需加强组织协调。对于此类项目，只能配备专职人员进行协调管理，协助企业有关领导联系、监督、检查有关部门和单位下达的任务，必要时配备专职人员助理。

（3）设立项目监理对项目进行临时管理。一些项目的规模、复杂性、覆盖范围和协调性介于上述两种情况之间，对于这样的项目，没有必要设立专门机构，人们担心项目专职人员少、力量弱，可能增加企业相关领导不必要的管理数量。第一种形式的专门机构可以由指定的主管部门代替；第二种形式的专职协调人员可以由项目经理代替。在授予相应权力的情况下，主管部门或负责人对项目的规划、组织和控制负全责，同时充分发挥其原有的职能作用或岗位职责。

（4）建立矩阵结构的组织结构对项目进行全面管理。所谓“矩阵”，是指在数学中运用矩阵的概念，将多个单元格组合成行和列的矩形。矩阵结构是由两套管理系统组成的矩形组织结构，一套是垂直的部门职能体系；另一套是由项目组成的横向项目体系。将运行中的水平项目系统与垂直部门功能系统重叠形成矩阵。

12.1.5 产品开发管理知识体系

目前，许多公司已经开发出许多产品。随着时间的积累，它们在研发过程中积累了很多宝贵的设计经验、历史数据和方法。然而，由于缺乏有效的信息支持手段，历史产品开发数据和知识被结合在一起，无法进行有效的总结、管理和应用。因此，有必要通过知识工程建设，有效地搜集和管理与企业历史相关的设计数据、经验和方法等研发知识，形成新产品设计的支撑能力。

此外，随着研发设计知识和数据的积累，其管理难度也会越来越大。企业迫切需要建立企业知识库，实现产品和项目的集成管理，为研发设计部门提供统一的知识、数据共享和查询条件，便于研发人员查阅相关资料，了解相关项目的设计要求和规范。信息化使研发设计工作更加科学合理，降低了投资风险，缩短了产品任务周期。

从人才梯队建设的角度来看，人才在工作中积累经验并逐步成长需要很长时间。如果我们能站在前人的肩上，充分学习现有的知识，就会极大地加速人才的实现过程。通过实施知识管理，促进知识的流动和交换，使员工能够快速掌握产品研发中的关键技术，并实现现有知识的价值。

产品开发管理知识体系的建设以知识为基础，分为知识聚合、知识关联、知识应用和知识创新四个部分，如图 12-2 所示。

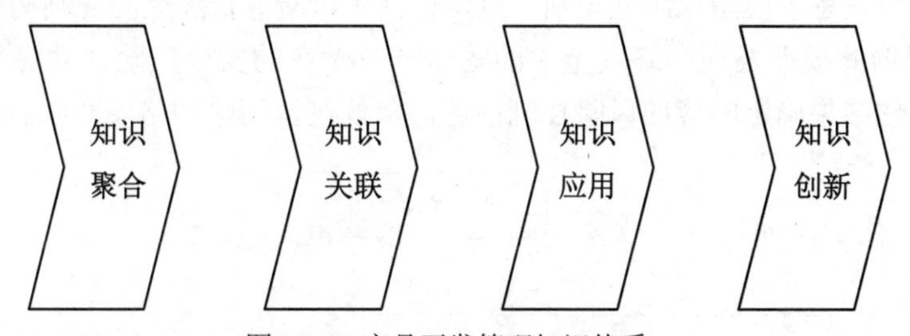

图 12-2　产品开发管理知识体系

知识聚合是将知识组织起来并整理成数据库；知识关联是建立知识与研发过程的关系；知识应用是实现知识在工作中的搜索和推送；知识创新是将知识转化为工具的过程。将创新产生的工具与工作中产生的知识重新搜集、组织起来，以实现知识的完整循环。研发知识工程系统是一个以知识为中心的工作辅助平台系统。

知识关联的核心是将知识与研发过程相关联。知识工程应以信息化的方式组织研发过程的管理、展示、更新、链接和应用。根据知识和研发过程的属性，建立工作包和知识之间的联系，使研发过程中的每一项工作都能获得知识。知识和研发过程可以自动或手动链接。

知识应用分为基础应用和高级应用。基础应用是知识搜索，可以通过知识工程门户、客户端、浮动工具栏等提供的搜索栏手动搜索，也可以通过选词自动搜索；高级应用是知识推送，可以与业务流程结合，也可以根据搜索频度来进行知识推送，或者通过自定义订阅自动推送知识。

知识创新是知识的“深加工”。它是通过编码和打包将方法和算法固化到新的工具中，或者构造一个结构化的工程数据库。

研发知识工程的建设，将有效解决企业因长期缺乏有效的知识管理体系而造成的研发知识流失问题，有效地转移企业的研发知识。同时，研发知识与研发活动紧密相连，实现了研发工作中知识的自动推送，有效提高了研发效率，大大提高了研发水平。

知识工程平台的应用将支持内容搜集、处理、存储、维护、应用、创新的知识生命周期管理，整合企业内外部各种信息资源，并将最有效的知识与企业核心业务活动关联起来，基于任务寻求知识，实现知识到任务的关联，形成知识管理和应用的整体良性循环。知识工程平台通过集成技术、智能检索技术、知识推送技术、知识管理技术等关键核心技术，为企业提供时间效率、能力提升、企业文化三大领域的信息工具平台业务支持。

12.1.6 风险管理

随着网络的不断发展，网络安全威胁不断增加，其安全成本和资源也不断增长，系统的安全性和可靠性等是研究者关注的重点。“使用风险管理作为安全决策的基础”的观点于 1994 年出现于某国军方的《重新定义安全》报告中，同年，白宫发布了第 29 号总统令，规定新安全对策制定应以可靠的威胁分析和风险管理实践为基础。基于此，风险管理的安全方法在国家安全、社会安全和经济安全等领域实施推广。

项目风险管理系统模型由风险识别、风险评估、风险分析和风险控制构成，如图 12-3 所示。可以根据此模型发现网络安全中的薄弱点及潜在的安全风险，并进行安全风险评估分析，以评估结果确定响应的风险控制措施，降低甚至消除网络安全隐患。

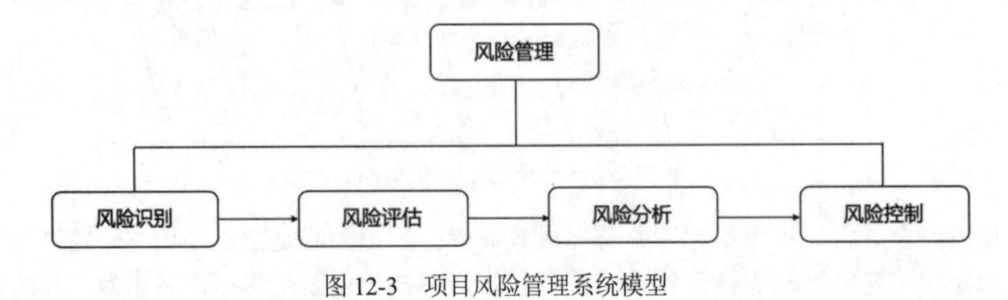

图 12-3　项目风险管理系统模型

风险管理的最终目的在于控制或降低风险，将风险评估的结果进行不同级别的划分，等级越高则表示风险越高。针对不同级别的风险等级，同时结合风险控制成本和造成的影响，组织可以制定不同的安全策略。对于可接受的风险计算值，组织可以使用已有的安全措施，对于不可接受的风险计算值则需要采取安全措施以控制风险。

12.1.7 质量管理体系

质量管理体系（Quality Management System，QMS）是指在质量方面指导和控制组织的管理体系。任何组织都需要管理。当管理与质量有关时，它就是质量管理。质量管理是在质量方面指导和控制组织的协调活动。它通常包括建立质量方针、目标和活动，如质量计划、质量控制、质量保证和质量改进，如图 12-4 所示。为实现质量管理的原则和目标、有效开展各项质量管理活动，必须建立相应的管理体系，这个系统叫作质量管理系统。质量管理体系是建立在组织内部的实现质量目标所必需的系统的质量管理模式，是组织的战略决策。

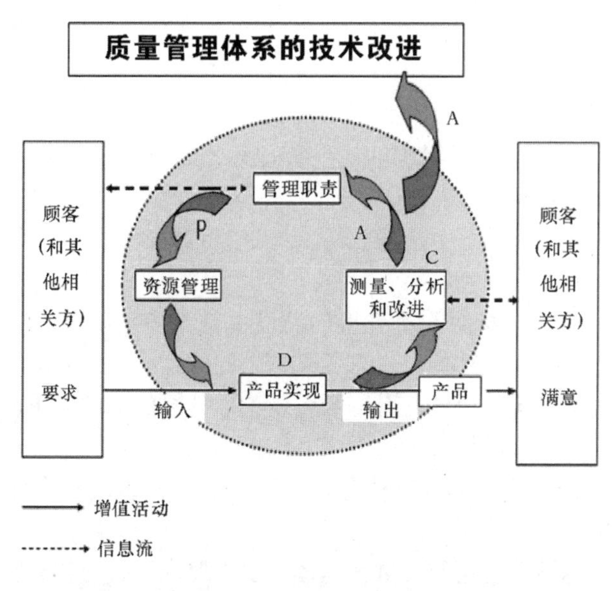

图 12-4　质量管理体系

质量管理体系将资源与过程相结合，将系统管理与过程管理方法相结合，并根据企业的特点选择多个系统要素进行组合。一般来说，它包括与管理职责、资源管理、产品实现、测量、分析和改进活动相关的过程组件，涵盖从顾客需求确定、设计开发、生产、检验、销售到交付等全过程的策划、实施、监控、纠正和改进的要求。一般来说，它已经成为一个文件化的内部质量管理工作。

质量管理体系具有以下特点：

（1）质量管理体系代表了现代企业或政府机构如何真正发挥质量作用、如何优化质量决策的观点。

（2）质量管理体系是编制深入细致的质量文件的基础。

（3）质量管理体系是有效管理公司范围内更广泛的质量活动的基础。

（4）质量管理体系是有计划、有步骤地改进全公司主要质量活动的基础。

1. 质量管理体系策划与设计

质量管理体系策划与设计阶段主要是做好教育培训、统一认识、组织实施、制定计划、确定质量方针、制定质量目标、调查分析现状、调整组织结构、配置资源等各项准备工作。

2. 组织实施计划

虽然质量管理体系建设涉及一个组织内的所有部门和员工，但对于大多数单位来说，可能都需要建立一个精益的工作团队。根据一些单位的实践经验，这支队伍也可以分为三个层次。

一级层次成立以最高管理者（厂长、总经理等）为组长、质量监督员为副组长的质量部建设领导小组（或委员会）。二级层次成立由各职能部门领导（或代表）参加的工作组。这个工作组一般由质量部和计划部领导带队。其主要任务是按照系统建设的总体规划组织实施。三级层次是设立一个因素工作组。根据各职能部门的分工，确定质量管理体系要素的责任单位。例如，“设计控制”要素一般由设计部门负责，“采购”要素则由物资采购部门负责。

3. 现状调查分析

（1）系统状况分析，即分析组织的质量管理体系状况，根据质量管理体系状况制定质量管理体系各要素的要求。

（2）产品特性分析，即对产品的技术强度、使用对象、产品安全特性等进行分析，确定各要素的采用程度。

（3）组织结构分析，分析组织管理机构的设置是否满足质量管理体系的需要。建立与质量管理体系相适应的组织结构，建立各机构之间的隶属关系和联系方式。

（4）分析生产设备、检测设备是否符合质量管理体系的相关要求。

（5）分析技术、管理和操作人员的组成、结构和水平。

（6）基本管理工作分析，即标准化分析、计量学分析、质量责任制分析、质量教育分析和质量信息分析。

可将以上内容与本标准规定的质量管理体系要素要求进行对比分析。

4. 调整组织结构，配置资源

进行现状调查分析的目的是合理选择系统要素。

因为在一个组织中，除了质量管理外，还有各种各样的其他管理和组织设置。由于历史部门大多没有按照质量的客观规律设置相应的职能部门，在完成质量管理体系要素的实施并发展为相应的质量管理活动后，管理活动中相应的工作职责和权限必须由各职能部门重新分配。一方面，它是一种客观的质量管理活动；另一方面，它是一个人工存在的职能部门。两者之间的关系已经确定。一般来说，一个质量职能部门可以负责或参与多种质量管理活动。一种质量管理活动由多个职能部门执行。我国企业现有的职能部门对质量管理活动的职责和作用效果都不理想，应普遍加强。在管理活动过程中，必须涉及相应的硬件、软件和人员配置，并根据需要进行适当的部署和充实。

12.1.8 业务流程管理/价值链

价值链是企业为实现价值目标所支持的过程的抽象表示。它从价值的角度出发，关注价值目标和增值方法。业务流程是对企业实际经营的具体反映，是客观的观点，关注各种操作及其相互连接。可见，价值链分析必须以业务流程为基础，而业务流程分析则以价值链为指导。价值链分析过程是将企业的整个业务流程（价值链）分解为相互关联的单个业务流程，然后将单个业务流程中的多个价值活动（作业）作为分析对象进行分析的过程。

事实上，降低单个价值活动的成本和最终成本的重要因素是，一个业务流程能否为下一个业务流程提供增值和高效的产品或服务。价值链各环节的创新也是业务流程再造。因此，企业需要站在更高的层次从更广阔的视角来观察和理解业务流程，把价值链和业务流程放在一起进行分析，或者从价值链流程分析入手，更好地了解企业的成本，从而找到成本发生的根源，以提高效率、降低成本。

1. 业务流程管理

业务流程管理（Business Process Management，BPM）是一种以规范端到端优秀业务流程建设为核心、不断提高组织业务绩效的系统化方法。如图 12-5 所示，BPM 包括人员、设备、桌面应用系统、企业级后台应用程序等的优化组合，在流程建模—流程开发—流程执行—流程监控—流程演进之间形成不断优化迭代的业务流程管理闭环，从而实现跨应用程序、跨部门、跨合作伙伴和跨客户的业务操作。BPM 通常在 Internet 上实现信息传输、数据同步、业务监控，以及业务流程的持续升级和优化。显然，BPM 不仅涵盖了传统工作流过程传输和过程监控，而且突破了传统工作流技术的“瓶颈”。BPM 的推出是工作流技术和业务管理理念的一次划时代的飞跃。

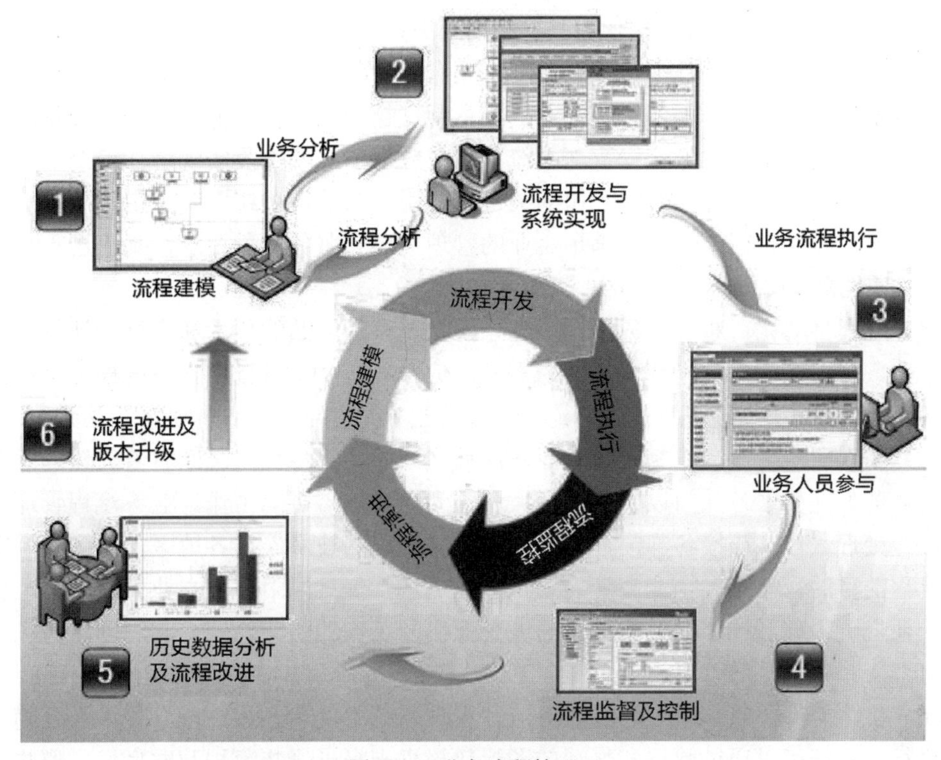

图 12-5　业务流程管理

现行的企业管理模式大多源于 18 世纪亚当•斯密的“分工理论”和 19 世纪泰勒的“制度化管理理论”。但是，20 世纪 80 年代以后，企业家和管理学家认为，这些理论存在着分工太细、没有人负责整个过程、组织臃肿、员工技能单一等问题。在这种背景下，20 世纪 90 年代初，美国著名企业管理硕士、麻省理工学院教授迈克尔•哈默（Michael Hammer）提出了“业务流程管理理论”，引发了新一轮的管理革命浪潮。美国的一些大公司，如 IBM、通用汽车、福特和 AT&T，都在推广 BPM，试图用它来发展壮大自己。实践证明，这些大型企业在实施 BPM 后取得了巨大的成功。

业务流程管理的优势体现在以下几点。

（1）节省时间和金钱。BPM 是提供业务流程建模、自动化、管理和优化的指导原则和方法。一个成功的 BPM 解决方案包括正确的业务领导和技术的组合，它们可以显著缩短流程周期（有时高达 90%），并降低成本。这种影响在跨部门、跨系统和跨用户的流程中尤为突出。从技术的角度来看，独立的 BPM 系统可以很容易地与现有的应用软件（如 CRM、ERP 和 ECM）集成，而不必重新设计整个系统。

（2）提高工作质量。除了节省时间和成本的优势外，实施 BPM 的公司还发现了其他几个关键优势。首先，实施 BPM 可以大大减少或消除会对业务造成损失的错误，如丢失表单和文档或不正确的存档、丢失重要信息或必要的审阅。其次，流程的可见性显著提高，流程中的所有参与者不仅有权了解自己在流程中的角色，而且随时可以确切地了解流程的状态。再次，通过形象化责任明确，每个人都清楚地知道什么时候该做什么。拖延、误解或遗漏已不再有任何借口。最后，可以提高一致性，公司内外各方都有明确的期望。因此，员工、客户和合作伙伴具有更高的满意度和向心力。

（3）企业流程整合。几乎每个企业都有一套针对各类业务流程和交易流程的规章制度。随着管理的精细化、规范化，企业的规章制度越来越完善，但执行这些规章制度的人却越来越神秘。企业业务流程管理系统可以在应用的早期阶段实现这样一个主要的应用目标：通过系统固化过程，将公司的关键工序引入系统，系统定义了工艺流程规则，系统可以记录和控制工作时间，满足企业的管理需要和服务质量要求，真正进入规范化管理的实质性操作阶段。

（4）过程自动化。通过业务流程管理系统，现有的成熟的技术和良好的计算机特性被用来完成公司在业务流程管理方面的需求。信息只记录在条目中，系统根据企业的需求定义流程规则，并实现流程的自动流转，成为业务流程处理“不知疲倦”的助手。

（5）实现团队合作。作为企业的业务流程之一，各业务部门之间有着天然的联系，顺畅的业务处理要求各部门以企业的最大利益为出发点，协同工作。业务流程管理系统面向流程处理，自动连接各部门，即利用先进的互联网技术连接各地区，达到良好完成业务流程的目的。而很多企业高管的意识已经远远不仅只局限在建立业务流程管理体系本身，他们更希望通过这样一个体系形成企业协同工作的团队意识，共同创建自己的企业文化。

（6）优化流程。建立一个好的业务流程管理系统不仅有上述许多好处，而且随着流程的执行，系统可以通过数据和直观的图形化报表来报告哪些流程开发良好、哪些流程需要改进，为决策者提供科学合理的决策依据，而不是单纯依靠经验，从而达到不断优化流程的目的。

（7）向知识型转变。业务流程管理系统对流程进行固化，使随流程流动的知识在企业中得到固化，并能继续执行和优化流程，形成企业自身的知识库。越是全面深入，企业就越会转变为一个“生活在一起”的知识型、学习型企业。例如，新员工进入公司后，可以通过企业业务流程管理系统快速熟悉企业的业务流程，通过流程形成的知识库不断充实自己，再反过来提高流程的难度和水平。

2. 价值链

1985年，哈佛商学院的迈克尔·波特教授在《竞争优势》一书中首次提出了“价值链”的概念并对其进行了解释。价值链是公司用来设计、生产、营销、交付和连接产品的活动的集合。价值链理论认为，企业的发展不仅会增加价值，而且会重新创造价值。在价值链系统中，不同的业务单元需要协同创造价值。

价值链有三层含义：第一，企业的各种活动与企业之间有着密切的联系。例如，原材料的计划性、及时性和协调性与制造业、制造业和市场密切相关。营销、新产品研发、制造紧密联系在一起形成价值链。第二，每项活动都与企业带来的有形或无形价值有关。第三，价值链不仅包括企业的内部活动，还包括企业的外部活动，如与供应商的关系、与营销人员和客户的关系。

波特的价值链概念一般被认为是指传统的价值链，它更注重从单个企业的角度分析企业价值活动的各个环节，从中获取竞争优势。随着社会经济和技术的发展、人们对价值链认识的加深，价值链的理论和实践都有了新的发展。

用新的信息技术对价值链进行结构转换。Jeffrey F.Rayport 和 John J.Sviokia 于 1995年提出了开发虚拟价值链的想法。他们指出，当今每个企业都在两个世界中竞争，即管理者可以感知的物质世界和由信息构成的虚拟世界；这个虚拟世界的出现，带来了电子商务等新的价值创造场所。这两条价值链的经济原理、管理内容和增值过程都有很大的不同。物质价值链是由一系列线性连续活动构成的。虚拟价值链是非线性的，具有潜在的输入和输出点，可以通过多种渠道得到分布矩阵。通过了解两个价值链的价值创造过程及其相互作用之间的差异，公司可以根据其组织、结构、战略观点和这两个过程的管理实践提出新的观点和创新来参与竞争。

探索非营利性机构的价值链。波特的价值链方法是基于市场竞争的概念。它主要针对的是营利性公司如何挖掘自身的竞争优势，但现在已经扩展到了政府行为、医疗和教育等公共领域。

价值链在各行业、各职能部门的实际应用不断拓展。经过十多年的实践，价值链的应用几乎覆盖了制造业、服务业、金融业的所有行业和企业内部的所有职能。在具体的应用过程中，价值链的形式也相应地发生了变化，但大多仍属于传统价值链的范畴。

应用价值链方法可以全面分析企业的竞争优势，发现企业增值的关键环节，帮助企业制定、实施和检验竞争战略。价值链方法的实施将管理者的注意力转移到了决定竞争的关键因素上，并通过科学地制定战略目标来获得相对于竞争对手的决定性优势。这些战略目标包括成本、质量、领先的服务、创造新想法、搜集目标。

12.2 架构介绍

安全运营平台架构包括数据后台、业务中台、业务前台。具体架构如图12-6所示。

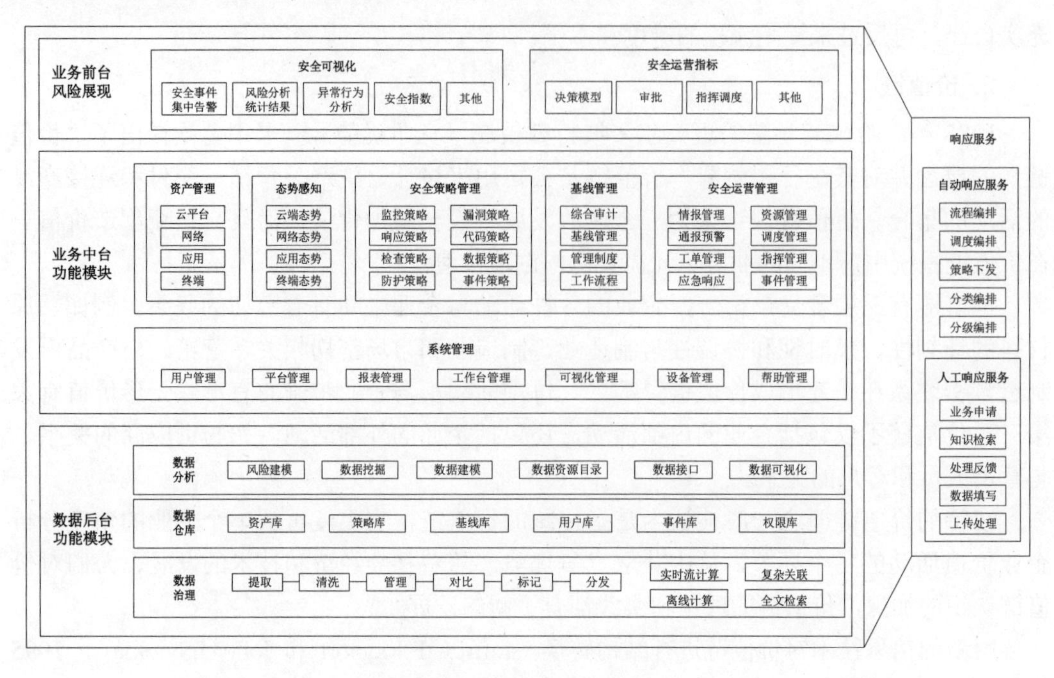

图 12-6　安全运营平台架构

数据后台包括安全数据接入、安全数据预处理、安全数据组织、安全数据治理、安全数据服务和安全数据分析。数据源包括各类安全系统/模块等产生的告警数据、与安全相关的审计日志、安全取证的证据日志/文件、安全配置策略等数据，以及基础数据、知识数据等。根据资源环境和业务大数据的存储环境，一是开发大数据存储接口，实现数据采集通道所采集的数据的存储，对数据进行清洗、抽取、格式化等预处理操作，然后存储在大数据平台上的数据仓库中；二是进行数据预处理，用于基础数据的提取、清洗、管理、比对、标记、分发等各类操作，为分析程序提供分析源数据；三是根据业务需求形成原始库、资源库、主题库、业务库、知识库、业务要素索引库；四是开发接口程序，能够实现对该四大类库下所有数据库的管理和应用。

业务中台包括资产管理、安全监测、漏洞管理、风险管理、预警管理、安全事件管理、安全合规管理、安全策略管理、知识管理、项目管理、安全服务业务管理等功能，基于资产管理实现资产的自动发现、资产信息管理、资产状态管理、资产风险分析、资产档案建设等。基于安全监测实现对资产安全状态、应用系统、用户行为的安全监测与管理，掌握全网安全动态，及时发现并处置各类安全风险。漏洞管理通过监测、分析、修复和验证四个步骤实现各种 IT 资产漏洞的全生命周期管理。安全风险管理通过识别、分析、修复和验证四个步骤实现风险的全生命周期管理。安全合规管理包括业务合规管理、运维合规管理、审批管理、整改跟踪、可视化等功能。预警管理通过对国内外互联网上最新网络安全威胁情报的实时监控，第一时间获取最新安全威胁。当互联网上有重大安全事件或 0day 漏洞爆发时，对用户进行快速的初步预警，然后根据精确的检测策略，对用户进行精确的预警并且提供 0day 预警报告。安全事件管理对监测到的安全事件，按照不同安全事件级别进行应急响应处置，可对监测到的攻击事件进行合并汇总、分析等操作，主要包括安全事件告警、推送、处置跟踪、分析及策略管理。安全策略管理包括规则管理、流程管理、通知管理、威胁情报管理、证书管理、订阅管理，实现对策略的查询、增加、删除、更新、启用、停用等。

业务前台基于业务中台提供的功能，形成可视化监控页面，包括资产态势、数据安全态势、漏洞态势、威胁态势、安全事件态势、预警。

12.3 功能介绍

12.3.1 安全可视化

（1）资产态势：通过大数据分析，综合展示各资产风险值、健康度等信息，并具体展示各资产或系统遭受攻击、漏洞及恶意操作情况，包括被攻击数、攻击者数量、攻击类型、漏洞类型、漏洞风险、漏洞数量、恶意操作类型、操作者数量等。

（2）漏洞态势：结合资产信息，展示漏洞修复情况、漏洞等级分布、系统漏洞排名、漏洞年份分布、漏洞服务分布、漏洞厂商分布等。

（3）威胁态势：平台基于一套动态的多维度威胁指标体系，计算威胁指数，并展示随着时间的变化威胁值的变化趋势。同时，具体展示整个资产被攻击的全部手段，基于资产面临的特定的攻击、漏洞、病毒、违规行为等多维数据进行关联分析，发现系统中存在的安全事件、安全风险点，进行实时安全威胁预警。

（4）安全事件态势：按照安全事件时间段，按照事件级别、区域分布、事件类型等对发生的安全事件进行多维深度分析，形成不同区域事件分布对比、安全事件发展趋势等分析数据。

（5）数据安全态势：对数据访问和维护的流量、访问行为、数据流动等情况进行多维深度分析，形成包括数据泄露风险、越权操作、异常登录、异常地点、时间、频率访问、流量流向异常等数据风险行为事件的分析数据，并进行视图态势展示。

（6）预警：实时展示各类威胁、告警、事件等异常情况或行为的预警。

12.3.2 资产管理

（1）资产识别：支持通过资产探测工具主动发现、无侵入式被动发现资产，采用实时流式计算框架，30 秒内识别新入网终端，支持发现终端、Web 服务器、DNS 服务器、邮件服务器、FTP 文件服务器等类型的资产。

（2）Web 资产探测：通过分布式爬虫技术，对区域或行业目标网站进行全网爬取与分析，获得 Web 资产底数信息，进行基础数据的搜集与持续更新，协助开展网站摸底工作，检查与校验网站备案情况等。对地市级以上区域、特定行业或具体单位资产实施全网资产探测，发现区域、行业和单位的所有 Web 资产，结合人工核验发现未登记、未备案的业务系统或双非资产。

（3）资产信息管理：支持管理的资产信息，包括但不限于资产 IP、责任人、标签、设备信息、操作系统信息、机密性、可用性、完整性等。

（4）资产分组：支持不同维度的资产分组，包括但不限于业务系统、安全域、网段、安全设备等。

（5）资产指标统计：支持实时统计资产的指标，包括但不限于日志量、网络流量、告警数、漏洞数等，支持按照以上指标对资产进行排序。

12.3.3 安全监测

安全监测：支持对资产安全状态、应用系统、用户行为的安全监测与管理，包括实时攻击监测、攻击他人监测、实时告警等功能。主要通过扫描监测、攻击监测和异常流量监测等手段，实现安全提示、危险告警、安全分析。

1. 攻击监测

攻击监测：对目标所遭受的攻击情况进行监测，支持对针对所管辖区域内设备 IP 及重要应用系统 IP 的攻击行为的安全监测，监测行为包括对是否遭受扫描探测、渗透攻击、获取权限、远程控制、资产破坏等进行告警报警，以及对应日、月、年的报警次数统计；支持以源 IP、目的 IP、时间段作为组合查询条件进行检索，检索结果以列表形式呈现，并支持对单条结果进行详情查看、处理、误报等操作；按日、月、年分别统计遭受攻击的报警类型排名。

2. 攻击他人监测

攻击他人监测：对网络所有发起的针对他人的攻击情况进行监测，支持由管辖区域发起的针对其他区域管辖的设备 IP 及重要应用系统 IP 的攻击行为的安全监测，监测行为包括是否对遭受扫描探测、渗透攻击、获取权限、远程控制、资产破坏等进行告警报警，以及对应日、月、年的报警次数统计；支持以源 IP、目的 IP、时间段作为组合查询条件进行检索，检索结果以列表形式呈现，并支持对单条结果进行详情查看、处理、误报等操作；按日、月、年分别统计遭受攻击的报警类型排名。

3. 实时高危告警

平台通过监测是否遭受远程控制、数据盗取、系统破坏等告警并实时进行流失分析，从中发现高危风险并及时告警，告警支持通过短信、电话、邮件等方式实时推送给负责人，并且告警可在大屏幕实时展示，并可按需在网络拓扑中实时呈现。同时，平台支持对高危告警的查询、详情查看、关注、转处置、误报等。

12.3.4 漏洞管理

通过监测、分析、修复和验证四个步骤实现漏洞的全生命周期管理，并结合漏洞库实现漏洞的闭环管理。具体功能如下。

（1）漏洞监测：通过大数据漏洞扫描技术，定期对内部网络设备、服务器、操作系统、应用软件等 IT 资产进行全面的安全漏洞扫描，发现系统存在的各类安全隐患，并支持统一管理安全扫描策略，对漏洞扫描作业进行调度管理。支持 OWASP Top 10 等主流安全漏洞、威胁情报获取的漏洞及 0day 漏洞监测。

（2）漏洞分析：针对发现的漏洞结合资产信息和情报信息进行分析判断，计算风险，生成修复工单并给出修复建议或强迫系统下线。

（3）漏洞修复：根据修复工单中的修复建议通过打补丁、修改系统配置、修改安全防护策略等手段修复漏洞。

（4）漏洞验证：通过二次扫描的方式对修复过的漏洞进行复测，检查漏洞的修复效果，直至漏洞完全修复或系统下线。

（5）漏洞库：记录各资产漏洞的基本信息、修复建议等，为漏洞修复、风险评估、安全培训等提供依据。

12.3.5 风险管理

安全风险管理通过识别、分析、修复和验证四个步骤实现风险的全生命周期管理。具体功能如下。

（1）风险识别：包括资产识别、脆弱性识别、威胁识别。资产识别基于资产管理模块实现，脆弱性识别基于漏洞管理模块实现，威胁识别基于流量监控模块和日志审计模块实现。

（2）风险分析：依据有关信息安全技术与管理标准，对资产及由其处理和存储的信息的保密性、完整性和可用性等进行评价，包括资产赋值，对漏洞扫描报告、基线检查报告、渗透测试报告等的安全风险评估结果报告进行存储，对报告结果进行统计分析，并结合高级威胁巡检发现的威胁进行综合分析，最终基于风险计算模型定期自动计算出资产风险的可能性及影响性，进而计算出资产、安全域和业务系统的风险值，形成风险评估结果。安全专家可基于风险评估结果发放处置工单。

（3）风险修复：根据处置工单中的修复建议进行风险处置。

（4）风险验证：对风险整改的完成情况进行验证，并进行二次评估。

12.3.6 预警管理

当安全事件发生时，可通过漏洞、攻击、病毒、违规行为等维度来评估事件的影响面和发展趋势。结合评估结果，在威胁大面积爆发前进行及时通报，从而最大限度地降低安全事件带来的危害。

监测发现的网络安全问题与事件情况，经过安全专家人工验证核实后，结合网络安全态势感知通报体系内部工作流程，依据信息系统基础数据库中的分类分级信息，提供预警和通报服务，采用电话、短信、邮件或其他有效方式进行通知；预警通报可指定要通知的管理员或组织；能够基于预警通报的发起时间、名称、结束时间、状态对预警通报进行查询统计。

12.3.7 安全事件管理

对监测到的安全事件，按照不同安全事件级别进行应急响应处置，主要包括安全事件告警、推送、处置跟踪、分析及策略管理。

（1）安全事件告警：支持安全事件的告警功能，包含重点应用系统安全状态告警、攻击事件告警、入侵检测告警、防火墙告警、网中网告警、病毒告警和违规外联告警等。

（2）安全事件推送：支持基于推送策略，通过邮件、短信、电话、钉钉等方式主动将安全事件推送给相应负责人。

（3）安全事件处置跟踪：支持多级用户的安全事件流转管理，如创建、上报、下发、核查、审核和办结等一系列操作；支持安全事件的访问和操作权限控制；支持用户对事件的操作审计等功能；支持按照部门级别、岗位对安全事件的访问权限进行控制；支持用户、组织、角色和应用等平台正常运维所需的管理功能。

（4）安全事件分析：支持安全事件发生时间、影响资产、攻击事件分析、特征等字段百分比统计，并支持展示攻击画像、展示攻击者的历史攻击路径和历史攻击行为，以及该攻击者的基本网络信息。

（5）安全事件策略管理：支持对安全事件告警策略、推送策略进行新增、删除、修改、查询，并支持与处置流转相关的特定功能参数配置，如办结截止日期等。

12.3.8 安全合规管理

安全合规管理包括业务合规管理、运维合规管理、审批管理、整改跟踪、安全合规可视化等功能。

（1）业务合规管理：基于业务操作行为日志记录，对不同用户的业务操作行为、操作对象的合规性进行分析及呈现。基于操作日志及安全规则，识别违规接入、违规外联、违规查询、管控绕过、违规下载等违规行为，提供日志查询、统计、分析、可视化、历史回溯等功能。

（2）运维合规管理：对运维审计日志进行监控分析，发现违规操作。对用户的运维操作行为进行与审批记录的比对分析和异常行为分析，帮助审计员及时发现运维操作安全风险，包括但不限于运维特权账号的违规操作，并支持实时告警、阻止和历史溯源。

（3）审批管理：对业务使用、权限变更、策略变更等申请进行审核、批准和执行过程的管理；对整个申请过程和执行过程的日志和变更内容进行记录和审计。

（4）整改跟踪：基于工单模块跟进整改进度及结果。

（5）安全合规可视化：通过统计视图展示安全合规的总体情况。

12.3.9 安全策略管理

安全策略管理包括规则管理、流程管理、通知管理、威胁情报管理、证书管理、订阅管理，实现对策略的查询、增加、删除、更新、启用、停用等。

（1）规则管理：包括抑制规则、过滤规则、告警规则、通知规则、响应规则的配置。

（2）流程管理：实现流程自定义，可自定义各安全服务业务的流程步骤。

（3）通知管理：实现通知的等级定义、通知方式、联系人列表管理。

（4）威胁情报管理：实现对内部情报、外部情报的管理。

（5）证书管理：实现证书的增、删、改、查、启用、暂停等。

（6）订阅管理：实现通知方式、通知频率、通知范围等的管理。

12.3.10 知识库管理

知识库管理实现知识的量化与质化，将漏洞、事件、情报、案例信息搜集起来，形成统一的安全共享知识库，完成知识的获得、创造、分享、整合、记录、存取、更新和创新，可分为专题知识库、技能知识库、管理知识库，包括漏洞库、配置基线信息库、恶意代码库、弱口令搜集库、情报库、事件库、案例库等。

知识库的管理：主要包括知识发布、查询、更新、删除。

知识评价及交流：各知识主页提供类似论坛的交流模块，用户可在知识主页交流各自的想法。

知识考核：基于知识考核体系实现知识考核线上化，实现知识的评分、知识阅读量记录、知识分享量记录、知识指标分析。

12.3.11 项目管理

项目管理为项目经理提供工作计划、资源排期、项目报告、资产、数据分析、管理维度自定义等管理功能，实现流程标准化，并可从项目、资产、人员等维度分析资源利用情况，提高项目管理效率。

12.3.12 安全服务业务管理

安全服务业务管理提供漏洞管理、风险评估、配置检查、应急响应、等级保护差距分析、告警等安全服务标准流程化管理及智能分析，包括信息采集、关联分析、派单管理、报告管理，实现业务的全生命周期管理。其中报告管理可基于工程师提交的漏洞或漏洞扫描的结果，基于模板自动生成报告，并提供方便的报告评审功能，报告评审人可通过自定义报告章节内容，生成面向不同对象的报告。基于标准化的流程，实现自动化及任务进度跟踪，提高个人工作效率。

第 13 章 网络安全品牌运营

在不同时期，品牌形象的含义不断得到扩充和延伸。品牌形象基于企业通过命名、包装、图案、市场活动等塑造的及在社会公众心中形成的特征，是公众对企业品牌的认知及评价。众所周知，商业对商业（Business-to-Business，简称 B2B）是相对于商业对消费者（Business-to-Consumer，简称 B2C）而言的，两种销售模式的品牌传播方式大有不同。B2B 的品牌形象塑造是建立与 B2B 企业的差异化的重要途径，品牌形象不仅对客户有影响，而且会影响企业员工、供应商、竞争者、投资者等。

13.1 B2B 品牌形象的概念和研究目的

在经济全球化的浪潮中，企业不仅需要通过核心产品和技术形成自身的竞争优势，也需要不断地保持品牌自身的竞争优势，在取得市场占有率的同时能为消费者提供标准，使其产品在市场上与同类产品有差异化优势。而在 B2B 行业，品牌资产比消费品市场更为重要。同质化产品和个性化需求间的矛盾使得品牌之战越发重要，占据市场主导地位的品牌是拥有市场的重要途径。

与 B2C 品牌不同，B2B 品牌对社会公众来说更有距离感，传播效果的生动性会比 B2C 更为困难。将专业、复杂的产品通过人们易于理解的、生动有趣的品牌传播方式传递给受众是 B2B 品牌传播的重要工作。

品牌形象是企业宝贵的无形资产和经营资源，也是企业在激烈的市场竞争中制胜的法宝，B2B 企业更是如此。随着越来越多的企业的品牌意识日益增强，对品牌投入的资产也逐渐加大。

在 B2B 领域，网络安全行业较为神秘和生涩，但网络安全又与每个公民息息相关，但对于客户或社会公众而言，理解成本较高。网络安全企业品牌形象的塑造不仅对企业的发展有巨大的推动作用，也能完善网络安全企业品牌化发展的思路。

网络安全企业的品牌战略以客户为中心，不断提升客户价值，注重定位和聚焦，强调自身和其他企业品牌差异化。企业树立正确的品牌观，并把这种品牌观传输给每一个员工的时候，品牌战略实际上已经启动。

13.2 B2B 品牌现状

13.2.1 B2B 企业品牌形象构建的原则

保持品牌战略一致性是 B2B 公司品牌构建的重要原则之一，但大部分公司不能在所有相关的接触点上提供恰当的一致性。这不仅和产品有关，而且和产品营销渠道，甚至是更多其他员工与客户的沟通方式有关。

品牌形象的第二个要点是品牌的真实性。企业员工的思想和行为、顾客使用产品的体验等代表的是品牌真实性。产品的真实使用体验和高品质质量，同时以讲故事的方式将品牌形象根植于客户的脑海中。

如果品牌形象的清晰性不够明确，那么也无法做好品牌形象。品牌清晰性是基于企业的愿景、使命和价值观等形成的，社会公众可以通过这些清晰地了解公司的品牌形象。

品牌围绕企业的核心定位进行持续性创意和宣传，以可视性构建企业的品牌形象，企业不随意改变品牌所代表的含义，让社会公众不断对品牌的视觉形象形成认知，增加企业品牌形象在受众眼中的曝光率，这对于占据社会公众的心智具有重要作用。

以全球知名网络解决方案供应商思科公司为例，众所周知，思科创始人是斯坦福大学的一对教师夫妇，公司的 logo 是由旧金山的代表性建筑金门大桥通过抽象形成的。尽管政府、组织等对网络设备需求量极大，思科对互联网的推动贡献巨大，其业务发展规模和公司市场不断增长，然而思科的品牌却很少被大众所知，非行业内人士并不了解思科的业务是什么。因此，思科和索尼、松下等公司建立合作关系，推出带有思科标识的联合产品。同时，思科还制作了公司的电视节目 *Are You Ready?*，以网络的力量为话题与世界各地不同群体进行讨论，从而让思科在社会公众心智中占据一席之地。2003 年，思科提出了“This is the Power of the Network. Now.”的口号，使得思科在复杂的信息技术领域取得了重要地位。之后，思科的“The Human Network”高频率渗透于社会大众心智，其品牌形象也深深植入公众心中。

13.2.2 B2B 品牌现状

一直以来，B2C 消费品品牌都是品牌理论研究的重点，对 B2B 的品牌研究关注点较低。然而，B2B 企业的销售规模比 B2C 的销售规模更大，需求种类也较 B2C 企业更为丰富。对于 B2B 客户而言，产品选择多、信息量大、专业性高，为了节约成本，客户通常会选择自己熟悉的公司品牌。很多公司在品牌建设过程中因以下原因导致品牌宣传未能达到预期效果。

1. 定位不清晰明确

B2C 的产品市场客户量大，消费者的购买决策简单迅速。但是 B2B 的产品市场专一，其客户对技术与行业领域掌握度非常高，从而导致部分声音认为企业维护好客户关系是产品销售的关键。从现实情况来看，思科、英特尔、IBM 等企业不断推进自身品牌，对企业在社会公众中的心智占领具有重要作用。

在 B2B 企业品牌塑造过程中，缺少准确的定位是大部分企业面临的问题。我国的 B2B 企业产品销量一直都处于全球领先地位。但在品牌营销方面，对比于国际上其他缺少产品优势的企业，我国很多企业在国际品牌营销上缺乏竞争力。对于 B2B 企业而言，将品牌认知传递给社会公众比传递产品优势更为重要和紧迫。例如，我国的安全运营、防火墙或杀毒产品品质不逊色于国外某些企业生产的产品，但就国际品牌影响力来说，我国网络安全企业的知名度还有较大的提升空间。

2. 企业传播形象雷同

与 B2C 企业不同，B2B 企业的品牌传播缺少系统策划。行业媒体上宣传的企业广告和产品广告是很多企业常用的传播方式，但这只能让受众了解企业品牌存在的现状，并未达到企业品牌价值延伸的效果，这表明国内很多 B2B 企业的品牌化传播缺乏创新和策划意识。

有主题、有目标、有规划、有执行、可持续系统性的传播是专业品牌策划的必要条件，对市场的引导和互动是企业品牌策划的重点，广告、活动和传播是综合的品牌营销项目。B2B 企业的不同目标人群往往会关注企业的不同价值，所以一种传播战略不可能适合所有人。品牌策划者需要围绕定位打造一致的品牌形象，在面对不同目标群体时适当强调突出点，如针对用户强调产品的品质和价值、对于决策者强化品牌影响力。

优秀的品牌传播战略往往是企业在明确传播对象的前提下全方位地进行品牌传播。由于 B2B 企业品牌受多种要素影响，所以聚焦公司自身的产品、服务，使用不同的方法和营销工具十分重要。

3. B2B 品牌形象管理混乱

B2B 企业品牌管理通常是理性管理的行为，而且 B2B 企业的品牌形象传递给受众的也是理性居多。人类是有情感的生物，无论是在工作还是生活中，社会公众都会不经意地受到品牌化的影响。和 B2C 企业的多品牌管理的差别是，B2B 公司品牌管理的背书效果比 B2C 品牌更为明显。消费者不关心企业品牌，更关注于产品品牌。但是鉴于 B2B 企业购买规模庞大的特点，公司品牌可以为一系列个体品牌或子品牌建立品牌权益。

公司品牌所具备的广泛的组织环境和更加丰富的历史有利于建立与员工、顾客、融资和投资者之间的紧密关系，公司品牌战略被认为是 B2B 环境中最普通的品牌战略。行业营销环境变化如此之快，以至于只有公司品牌才能为企业创造出一致和持久的形象。在持续变化的环境中，建立多个个体或家族品牌反而会让社会公众更容易混淆，集中于一种很快就会过时的产品的品牌化战略成本较高，所以这种方式也不可取。

例如，某些网络安全公司拥有多个子公司，不同子公司分别主打网关、终端杀毒或云计算安全等不同的业务方向，为提升其在某方向上的产品影响力，各子公司分别建立自身的品牌体系，但其所有的品牌传播策划体系不一致，非常不利于公司整体品牌的塑造，同时对于客户而言在决策上容易产生较大困扰。

13.3 网络安全品牌竞争战略的选择

随着信息技术和网络技术的不断发展，传播环境也在不断地改变。多表现形式的自媒体时代每天催生海量的新闻和商业广告宣传，因而造就了过度传播的媒体环境、客户在信息爆炸时代的多样性选择。

企业应明确差异化核心价值的品牌体系。价值机会、价值基础、价值确定、价值打造、价值传递、价值管理构成了完整的品牌价值系统。而心智模式持续地影响着人们对周围事物的看法及生活方式。不同的思维定式，就有不同的心智模式，从而产生不同的行为方式。《商战》一书中指出，战略选择涵盖进攻战、防御战、侧翼战和游击战。网络安全企业应明确战略选择，并以合适的方式遵循基本原则进行操作，避免因为没有实现有效聚焦而造成客户选择的心智困扰。因此，找准品牌定位、抢占客户心智是高效的破解方法，通过抢占客户心智，就可以在客户大脑中构建企业品牌的认知标准。

在了解 B2B 企业的品牌价值系统及客户的心智模式后，网络安全企业也可以考虑如何构建强势的品牌。创造品牌价值机会的关键在于采取何种战略形式。古今中外，关于战争战略、策略的名著不胜枚举，结合商业战争，可以得出以下结论。

13.3.1 战略选择原则

1. 战略选择：兵力原则

众所周知，在大多数战争中，兵力优势对于战争的胜利有重要作用，数量优势达到一定程度可以消减其他因素的影响。在现实的网络安全市场竞争环境中，面对新的领域和市场，当两家公司相遇时，如果拥有资源优势和销售力量优势的公司在战斗中合理分配使用资源，其兵力就可以发挥出最大价值，并最终抢占市场份额。形成兵力优势的原则是在进攻点和防守点投入更多兵力。例如，安全运营目前是网络安全领域的热点，国内外众多公司在此方向发力，各家投入的内外资源也在持续增长，面对巨大的市场竞争压力，后续的市场占有率情况必定和各家所投入的资源关联密切。

2. 战略选择：防御优势原则

防御原则是战争中的第二原则。行业领导者才需要考虑防御战，领导者不仅要关注客户的心智、关注自身的不断成长，同时要阻击竞争对手。例如，公有云服务市场领域亚马逊、微软和 IBM 等巨头之争，领先者需要以顽强的防守和积极的攻势保持自身的领先地位。

13.3.2 战略选择形式

1. B2B 品牌的防御战略

防御战是对抗竞争者进攻的形式，也是最具战略优势的战略形式。如何守住自己擅长的领域，是特别值得 B2B 企业领导者警醒的地方。

1）企业处于市场领导地位

了解企业自身在市场中的实力和地位是选择正确战略形式的前提。若对自身的定位不准确，从而错误地选择采用防御战的战略形式则容易失去竞争力。在大部分 B2B 行业中，市场占有率、市场规模和销售额是衡量业内第一品牌的标准。举例来说，在网络安全领域，若在终端安全市场已有市场占有率和市场规模、销售额多年来稳居第一的企业，而一家新兴公司放弃擅长的网关领域转而向终端安全领域发起进攻，这无疑会导致失败，其投入的资源也将遭遇灾难性的亏损。

2）最佳的防御就是敢于突破自身

作为市场领导者，保持市场第一的最佳途径就是不断突破自身，用更优质的产品和服务替代现有的优势。企业通过统领整个行业，站在行业引领者的角度，不断地进行产品和技术的升级，不断自我更新迭代，用新的产品、服务和标准的导入引领整个行业的升级，避免自身在竞争中处于下风并失去竞争力。

一方面，网络安全企业内部需要持续进行产品和技术的更迭；另一方面，需要积极参与国家相关标准的制定，通过内外双重路线保持自身在行业中的领先地位。

3）遏制竞争对手的进攻

对市场领导者而言，如果没能把握住时机突破自我，以打击竞争对手来防御竞争也是可采取的途径。在竞争对手尚未立住脚跟时进行进攻，让竞争对手没有喘息的时间，这样才能有机会抢占市场，否则将造成难以挽回的局面，最终因此而丧失领导地位。

2. B2B 品牌营销的进攻战略

美国营销学家里斯和特劳特也在他们著名的《营销战》一书中这样写道：“营销的本质是战争。在市场营销的战争中，竞争者就是假想的敌人，顾客则是要占领的阵地。一个公司要想成功，就必须面向竞争对手。它必须寻找对手的弱点，并针对那些弱点发动营销攻势。”

1）确定行业领导者的优势

进攻战是相对于防御战而言的，两者紧密相连。在品牌战略选择中，作为行业领导者的企业将实施防御战，处于市场第二或第三位置的企业，在拥有足够的资源的条件下，可以发动进攻战。分析对手的产品、价格和渠道等，突破行业领导者的竞争优势，使其占有的市场份额减少。

2）确定强势中的弱点

对于行业领导者而言，如果了解的只是竞争对手的普通的弱点，那这个弱点不足以击垮竞争对手。作为进攻者来说，需要确认竞争对手强势中的弱点。强势中的弱点就是致命的弱点，竞争对手对其漏洞的修复能力需要付出的代价更大。

3）集中在狭窄的战线上发起进攻

在狭窄的战线上发起进攻，更容易在与领导者的对抗中获得兵力的优势。全线攻击不仅容易失去所有的领地，同时将损失更多的资源。所以在网络安全领域，作为第二梯队的企业对行业领导者发起攻击，选择特定的领域发起进攻胜算更大。

4）B2B 品牌的侧翼战略

侧翼战是攻击竞争对手的另一种方式，选择敌人的薄弱环节实施进攻，发挥自身的优势更容易获胜，如网络安全企业面对竞争对手，可以选择对手实力偏弱的地区和行业进行深耕，以竞争对手难以预料的打法取得逆袭，并乘胜追击。对于 B2B 企业而言，侧翼战是高风险、高回报的进攻方式，通过侧翼战建立品牌优势认知非常重要。

5）B2B 品牌的游击战

游击战是大多数企业运用的商战形式。当公司的资源条件和市场营销实力不如竞争对手时，坚守住企业占领的市场，根据竞争对手在市场上暴露的弱点，采取与竞争对手不同的、小规模且灵活的、能攻能守的策略。这种游击战让很多中小企业在强手如林的市场竞争中成功取得生存和发展。例如，在历届 RSA 大会上，很多新起之秀都在某个细分领域发展迅速，并且在创新沙盒比赛中崭露头角。

13.4 网络安全品牌价值的创建

在网络安全领域，企业所面临的竞争环境繁杂，在确定企业所需要的战略形式后，品类是品牌创建的重要概念。与消费者品牌相比，品类是 B2B 领域的重要环节，确定好品牌和品类的关系，是 B2B 品牌需要思考的内容。

13.4.1 品类和品牌的关联

品牌是综合的经验系统，包含名称、术语、标记、图案或其组合，在产品同质化严重的市场条件下建立差异化的品牌形象区别于竞争对手，在顾客心智中占据地位，品牌被定义为不会失去的“资产”。但近几年，摩托罗拉、诺基亚等品牌影响力的降低，证明单一的形象概念并不是品牌的必要条件，品类论开始成为品牌研究的新发现。客户会先选择品类，再选择品牌。如果不能通过品类相关性，品牌决策和价值也难以实现。对于网络安全企业而言，品类概念和品牌概念会存在较大的交集，在识别过程中需要做具体调研。品牌的竞争就是品类的竞争。在有品类意识的基础上进行协同，相当于一个品牌跨越不同品类，可以将品类间的价值放大。

13.4.2 品类的创新分化

网络安全领域的品牌价值创新需要进行分化，尽管融合是很多企业追寻的热点，但是却容易冲击商业欲望。简单粗暴地将其他原有的创意叠加，这样无法带来市场上的竞争格局和商业机会。进化和分化是商业创新发展的关键路径，进化是在原有类别上进行创新，如容器技术的不断升级；分化是在原有基础上分支出一个新的类别，如安全产品、安全服务、安全运营等。

分化的力量促使品类不断地发展，新品类的出现会推动商业的发展。抓住商业分化的机遇，并能充分认识到分化带来的商业机会的网络安全企业将能享受到分化带来的品类和品牌机会。

13.4.3 新品类的创建

与传统的品牌营销市场细分不同，新品牌和分化都在强调“新”，现有市场的空白是最好的机会。例如，5G 网络安全、家庭网络安全等，向新的品类发力也是品牌迅速提升的机会点。同时，也需要警惕老品牌在新品类中的竞争，因为其资金、资源的优势可以迅速形成影响力。对于新品类，可以选择品牌延伸或启用新品牌。但如果其品牌代表两个或以上的品类，则会加大受众的混乱程度。

13.4.4 创新品类的关键点

界定新品类的原点人群和原点市场对新品类的成熟发展至关重要，新品类的原点市场和竞争品类、竞争市场有关，适当的原点市场可以避免启动资金过多及资源的分散。

作为新品类，因为客户一般对新事物有存疑态度，所以需要以公关的方式启动，第三方的影响力和公信力可以为新品类可信度提供保障。另外，公关的方式可以为新品类提供调整和迭代的空间。所以，当网络安全企业在拓展新市场时，第三方的背书比广告的轰炸更有效果。

13.5 品牌差异化定位

众所周知，B2B 品牌定位有抢先定位、关联定位、对立定位、分化定位、聚焦定位等。

13.5.1 品牌定位方法

下面简述几种品牌定位方法。

（1）抢先定位：抢占优势位置，即用某个品牌抢先占据顾客心智空位。

（2）关联定位：关联认知强势是和客户心中的品牌或组织进行关联，《定位》一书中指出，定位的基本方法不是去创造出新的，而是去操作顾客心中已经存在的，去重组已存在的关联。

（3）对立定位：对立理论的含义是和市场上的领导者进行对立，因为比市场上对手做得更好是比较困难的事情。跟随者的跟风行为很难达到预期的销售目标，反而相反的行为对于影响力的扩大却更为有效。

（4）分化定位：每个品类都会分化成两个或更多个品类，从而也为打造品牌创造更多的机会，分化让新品类和新品牌得以诞生。

（5）聚焦定位：网络安全企业如果是长期专注于某个方向和领域，会具备“专家”的优势，也会被业界认为具有更多的知识和经验。对应地在品牌上也是有聚焦的，市场决定聚焦点。网络安全企业的空白之处是选择聚焦方向和定位的重点。

13.5.2 提升 B2B 品牌信任状的途径

在定位理论中，信任状被认为是品牌在顾客心智中的担保物，品牌通过强调自己的信任状，可以提高自身的可信度，同时为顾客提供选择该品牌的理由。当企业拥有良好的信誉时，潜在顾客愿意相信品牌所做的任何宣传。

在很多信任状中，行业领先地位是建立品牌信任最为直观的办法。例如，可以强调技术领先，Palo Alto 和 Check Point 的新一代防火墙之争即可说明技术领先的重要作用。另外，每年权威公司对于各细分市场的占有率表明市场占有率和销量的领先对于建立信任状来说也具有重要作用；权威机构的认证、邀请业界权威专家作为公司的顾问，都可以强化客户对企业的信任度。

B2B 企业为了增强其在市场上的承诺强度，也可以借用第三方的信誉。第三方以明示或暗示的方式来对品牌的消费承诺做出再一次的确认和肯定，这种策略叫作品牌背书。通过品牌背书，被背书品牌可以达到对于先前所承诺顾客的内容的再度强化，并与顾客建立一种可持续的、可信任的品牌关联。

品牌开创者和经典历史会让客户产生强有力的信任状。在行业内做产品时间较长的企业，其产品品质、服务质量应该是可靠的，因而历史定位具有无言的说服力。原创表明具备更多的专业能力，品牌开创者比后来者能获得更显著且可观的市场份额优势。企业拥有品牌开创者和悠久历史两个优势，会使得产品在客户心理上有重要性，让客户在选择时有安全感。

13.6 网络安全品牌运营

找准定位是获得品牌竞争胜利的可能性机会，只有将定位机会在品牌内部转化成一致性的运营活动才可能形成竞争优势。通过运营增强定位优势，最终形成结构性的竞争优势，才能将定位优势转化成品牌优势。对网络安全企业的品牌来说，这一步至关重要，通过聚焦于“定位”形成一致性的结构性竞争优势，其品牌定位的战略优势才能得以实现。

13.6.1 战略化的运营配称

定位和价值决定了企业开展的运营活动和配置的各项活动，也决定了各项活动之间的关联。运营配称是将所有活动按照定位和价值组合在一起。配称分为三个层次：第一层是保持各运营活动或各职能部门与总体战略之间的一致性；第二层是各项活动之间的相互加强；第三层是需要达到“投入最优化”。在三个层次的配称中，整体作战比任何一项单独活动都来得重要与有效，竞争优势来自各项活动形成的整体系统。

13.6.2 战略配称的持续性优势

通过一系列的运营配称去创建一个有效的定位，围绕定位进行整体战略配称运营，不仅能实现定位优势，还能保持优势。当竞争对手想进行复制时，必须进行整个系统的模仿才能实现其目标，所以在定位的基础上进行战略性的运营配称比单项的运营活动策略更为有效和牢靠。

13.6.3 品牌命名

对于大多数B2B品牌运营者而言，内部运营似乎比外部运营做得更多，因此打造一个相对稳定和完善的战略配称有助于帮助企业形成战略配称的关键索引。品牌命名是品牌价值最终的价值导向，正确的品牌命名能实现最大化的品牌价值。名称是建立知名度和传播品牌的基础，也是品牌概念的核心。最理想的品牌名称既方便客户记忆，也能传递产品高级且富有趣味的价值理念，并能在法律上获得强有力的保护。

13.6.4 定位广告语

定位广告语是品牌宣传的强有力的方式，与品牌名称相同，它同样能迅速建立品牌资产。在营销传播方案中，我们常看到定位广告语和品牌名称同时出现，可以清楚地传达出品牌的定位和独特价值。品牌定位广告语应遵循的原则是聚焦反应定位，语言极简。

13.6.5 品牌话术

1. 品牌话术与战略定位

B2B品牌创建的过程中，企业人员会涉及与顾客和利益相关者进行面对面沟通、电话沟通或邮件沟通等人际沟通活动，在这些人际沟通活动中，企业人员必须向顾客传达的有关品牌的信息就称为“品牌话术”。品牌话术并不是指规定每一个企业人员要说的每一句话，而是一个品牌信息传播大纲，用来指导企业人员在沟通中的关于品牌的信息大纲与逻辑顺序。企业人员需要在品牌话术的指引下，结合具体的传播对象和传播环境，以灵活的方式完整地将品牌话术传达出去。品牌话术需要考虑心理学原理，以帮助营销人员有效地传递品牌战略定位。

2. 品牌话术中要考虑的心理学原理

科学研究的目的就在于发掘、利用和发挥研究对象的功能。传播心理学原理的目的就在于发掘、利用和发挥由传播向心理能的转化及心理能外化做功的功能。品牌话术是战略定位在人际沟通中的细节体现。为了将品牌的战略定位有效地在人际间传达，在具体的营销话术开发中，除了要以战略定位为核心外，还要利用心理学原理对品牌话术进行设计。

3. 创作B2B品牌话术

创作有效的品牌话术需要实现战略定位和经营细节的结合。有效的品牌话术的创作首先需要理解战略定位，因为战略定位是品牌话术的根本；其次需要从现实中发现素材，如品牌历史、品类特点，或者是与核心顾客、原点人群交流过程中发生的故事和细节；最后在战略定位理解的基础上，对搜集到的素材进行有逻辑的再创作。

13.6.6 B2B 品牌视觉锤

强有力的视觉锤是重要的品牌资产之一，也是非常重要的品牌工具。对 B2B 品牌而言，视觉锤是非常重要的品牌工具，它不仅增强了品牌和定位的识别，也能建立与顾客和利益相关者超越产品的品牌关系。

13.6.7 品牌运营配称的五大聚焦

在为定位而进行的品牌运营配称系列动作中，企业品牌需要特别重视原点的概念。开创和占据一个新品类往往是从一个原点开始，然后不断地进行完善和扩充的过程。在核心品项、核心用户、核心渠道、核心市场和核心价格上着力聚焦，才能在顾客心智中成为原点市场的代表和领导者。聚焦代表品项、聚焦重度用户、聚焦专业渠道、聚焦主流市场、聚焦核心价格是占据客户心智的重要品牌运营途径。

13.7 品牌传播方式

品牌传播是指通过各种传播手段持续地与目标受众交流，最优化地增加品牌资产的过程。在对各种传播手段进行信息控制和利用的过程中，品牌传播制胜的关键是如何利用好可控制的传播资源。

品牌传播的手段包括广告、公关、人际传播及其他各种媒介资源等，如今越来越多的企业在进行品牌传播的过程中尝试传播方式的多样化，希望信息在传播过程中脱颖而出，有效地区分于其他竞争品牌，从而更好地为受众所认知和接受。

仅靠品牌定位、品牌元素、品牌价值，客户也是无法接受品牌的，因为品牌与客户之间还没有进行交流。建立品牌沟通和传播的功能，让品牌和客户产生思想和情感上的共鸣有利于信任的产生。

13.7.1 口碑传播

营销学中对口碑营销传播的定义是，口碑是由生产者、顾客以外的个人，通过明示或暗示的方式，不经过第三方处理加工，传递关于某一特定或某一种类的产品、品牌、厂商、销售者，以及能够使人联想到上述对象的任何组织或个人信息，从而导致受众获得信息、改变态度，甚至影响其购买行为的一种双向互动的传播行为。推荐口碑传播大使、增加客户的参与度都是口碑传播的重要方式。

13.7.2 社会化媒体传播

未来营销的重要趋势是通过社会化媒体进行营销，在新的媒体环境中，社会化媒体的受众更趋向于年轻化。而且这些年轻的受众将成为企业目标客户的决策者或影响者。企业的数字化转型对客户的行为和决策也会产生一定的影响，客户也更倾向于以数字化的渠道去搜集目标信息。同时，社会化媒体的投放也比传统媒体更加精准有效，其传播的范围和互动性比传统媒体更有优势。例如，在一般情况下，思科在 Facebook 上分享内容，对于比较重要的信息和公司新闻等内容会选择在 Twitter 上发布，在 LinkedIn 上发布专业领域的内容，与群组进行相关对话，以进一步了解市场需求。

13.7.3 内容营销传播

在互联网及数字化媒体时代，内容营销传播是非常重要的品牌传播手段。和传统媒体相比，新媒体企业品牌具有很大的自主权和灵活性，很多企业品牌的传播点开始制作贴近受众的内容。

13.7.4 公关传播

相比于广告，很多 B2B 企业开始注重公共关系的应用，当公关传播和其他营销传播组合协调后，其经过缜密策划的公共关系活动可以实现惊人的传播效果，如主流媒体的新闻传播、政府公关塑造品牌形象。事件传播也是 B2B 传播的重要手段之一。例如，微软、英特尔、甲骨文、思科等公司开始是从在《华尔街日报》《福布斯》《财富》等报刊上进行公关宣传起步。

13.7.5 品牌广告

B2B 的品牌广告功能分为产品广告和形象广告，主要是为增加品牌知名度和促进产品的销售。产品广告一般会选择专业媒体；形象广告一般会选择专业媒体和大众媒体的组合。

13.7.6 体验传播

通过感官体验树立形象认知和利用情感体验激发客户也是品牌传播的重要方式。感官刺激可以有效地吸引受众的眼球，而情感体验能让受众感受到文化的力量。例如，在国内很多大型的科技会议上，活动展览现场提供的各种产品和技术的体验，会给现场参会者带来强烈的刺激效果。

13.8 品牌管理

将品牌视为资产是品牌管理的第一步。现今，品牌和科技的结合非常紧密，很多广告公司也向全面提供品牌服务的咨询公司转变，品牌传播的形式也是层出不穷，品牌策划和创意更是日新月异。品牌管理包括品牌资产管理、品牌组合管理和品牌长期管理。

品牌资产管理包括品牌知名度管理、品牌认知质量管理、品牌联想管理和品牌忠诚度管理。品牌知名度是品牌资产的基础，知名度越大，品牌资产的价值也就越大；品牌忠诚度也是品牌资产中的关键项目，将品牌忠诚度纳入品牌资产管理中，并激励品牌实施，这有利于鼓励维护和提升品牌忠诚度的行为和传播活动。

当企业拥有两个以上的产品品牌时就需要进行品牌组合管理。首先，要明确品牌发展的战略；其次，品牌组合中的主品牌、背书品牌、子品牌和描述符号四种角色也需要发挥各自的驱动作用。

品牌管理是一个长期的过程，在此过程中强化品牌、激活品牌是企业品牌走向全球化的必经之路。

第 14 章 安全行业分析

在白队的职责任务中，安全行业分析是一项十分重要的工作。通过安全行业分析，白队可以统筹行业的整体动向，为各项决策提供指向性支持。本章首先简要地介绍了安全行业的定义及分类；其次对安全行业的现状进行了详细的分析；最后重点介绍了进行行业分析的四种常用的理论方法，分别是 PEST 分析法、波特五力模型、SWOT 分析法、价值链分析法。这四种方法均为经典的行业分析方法，读者可以以此作为参考与借鉴。

14.1 安全行业的定义及分类

14.1.1 行业定义

信息安全是指对信息系统中的硬件、软件、数据及其所提供的服务进行保护，使其不因意外或恶意等原因而被非法访问、泄露、破坏或修改、审查、检查、记录或销毁，以确保信息系统持续、可靠地运行。

14.1.2 行业分类

14.1.2.1 信息安全技术

信息安全有七个主要属性：真实性、机密性、完整性、不可否认性、可用性、可验证性和可控性。要实现信息安全的七大核心属性，必须从信息系统的物理安全、操作安全、数据安全、内容安全、信息对抗五个方面进行安全建设和安全防范。因此，目前信息安全的主流技术包括信息系统自身的安全技术（物理安全技术和操作安全技术）、信息安全技术（数据安全技术和内容安全技术）及信息对抗技术等，具体如下。

（1）物理安全技术：主要用于保证信息系统本身的安全。在信息系统运行过程中，很难避免电磁泄漏、数据错误、外部损坏等问题，从而可能导致信息安全威胁。物理安全技术主要包括防止电磁泄漏技术、电磁屏蔽技术、电磁故障预防技术、容错技术、容灾技术、冗余备份技术、生存性技术、防止信号插入的信息验证技术。

（2）操作安全技术：主要用于保证信息系统本身的安全。信息系统的正常运行随时可能受到非法访问、入侵等攻击的破坏。操作安全技术主要包括支持系统评估的风险评估系统、安全评估系统、访问控制漏洞扫描、安全协议、防火墙、物理隔离系统、访问控制技术、反恶意代码技术、入侵检测与预警系统、安全审计技术、应急反应系统、遏制技术、审计跟踪技术、取证技术、动态隔离技术等网络攻击技术。

（3）数据安全技术：主要保护信息本身的安全，保证数据的机密性、真实性、完整性和不可否认性。数据安全技术主要包括防止信息泄露的对称和非对称密码技术、加固技术、VPN 等技术；防止信息伪造的认证、PKI 等技术；防止信息篡改的完整性验证技术；防止信息抵赖的数字签名技术；防止信息泄露的秘密共享技术。

（4）内容安全技术：主要保护信息本身的安全，实现内容的机密性、真实性、可控性和可用性保护。内容安全技术通过文本识别、图像识别、流媒体识别、海量邮件识别等技术来理解和分析信息，将其用于面向内容的信息过滤技术、面向 URL 的过滤技术、面向 DNS 的过滤技术。

（5）信息对抗技术：主要用于保证数据的机密性和完整性。信息对抗技术主要包括用于发现信息的数据挖掘技术；用于保护信息的隐写技术、水印技术；用于理解特定协议的网络协议反向分析技术，以及用于理解和锁定数字语音和视频的技术。

（6）可验证性：确保一个实体的行动能够唯一地跟踪到该实体的特点。

（7）可控性：具有控制信息传播和内容的能力。

14.1.2.2 信息安全产品

信息安全产品主要分为（按照功能分类）：防火墙产品、入侵检测和入侵防范产品、统一威胁管理产品、Web 应用防火墙产品、漏洞扫描与管理产品、上网行为管理产品、安全审计产品、身份管理产品、加密产品、电子签名产品、终端安全管理产品。主要产品展开介绍如下。

（1）防火墙产品：在内部网络和不安全的外部网络之间设置障碍物，防止未经授权访问内部资源和内部、外部不安全访问的一种边界保护产品，能有效防止内部网络攻击和数据流的监视、过滤、记录和报告功能，以及内部网络和外部网络之间的连接。

（2）入侵检测和入侵防范产品：此类产品能够持续监控每个设备和网络的运行，通过比较已知的恶意行为和当前的网络行为，发现恶意行为，并对恶意行为做出反应，实现网络风险监控，精确阻止资产入侵。

（3）统一威胁管理产品：它是一种由硬件、软件和网络技术组成的网关设备，集成多种安全功能，帮助用户以最便捷的方式实现防火墙、防病毒、防入侵等功能需求。

（4）Web 应用防火墙产品：保护 Web 应用系统，减轻来自 Internet 的各种安全威胁，如 SQL 注入、XSS（跨站点脚本）、CSRF（跨站点请求伪造）、Cookie 篡改和应用层 DDoS，降低网页篡改、网页挂起等安全事件发生的概率，充分保证 Web 应用业务的高可用性和连续性。同时，在线清理错误信息，恶意内容和不符合规定的内容由 Web 服务器端响应，避免敏感信息泄露，保证网站的可信度。

（5）漏洞扫描与管理产品：对网络设备、主机系统、应用系统等进行远程或本地漏洞扫描，及时发现潜在危害，提供专业防护建议，同时提供漏洞生命周期管理。

（6）上网行为管理产品：实现对互联网接入行为的全面管理。在 P2P 流量管理、防止内网泄露、防范监管风险、网络访问行为记录、网络安全等方面提供最有效的解决方案。

（7）安全审计产品：通过提供入侵和违规行为、记录网络或系统上发生的事件，以及向用户提供证据，动态和实时监控网络或系统的能力。网络或系统安全审计不仅监视和控制来自外部的入侵，还监视来自内部人员的违规和破坏行为。它是判断一个系统是否安全的重要手段之一。

（8）身份管理产品：通过建立数字身份识别、创建、查询、认证、撤销等生命周期管理流程，实现各种实体身份的真实性认证，按照安全策略完成数字身份的授权管理和访问控制，从而避免未经授权及用户非法获取信息。

（9）加密产品：综合运用信息加解密技术和完整性保护技术，确保信息、数据和文件在传输和存储过程中的机密性，避免信息泄露。

（10）电子签名产品：通过数字签名技术、加解密技术、完整性保护技术等，为各类信息和数据报文提供真实性、完整性和不可否认性保护，是实现信息应用中责任识别的有效手段。

（11）终端安全管理产品：基于终端状态行为监控和桌面控制概念，对网络中所有终端的安全威胁进行监控或记录，实现系统安全、人员操作安全和应用安全的全面管理，并能向网络终端提供行为和状态，实现面到点的控制。

14.1.2.3 信息安全服务

信息安全服务以服务的形式为基于信息的业务流程提供安全服务。信息安全服务是第三方为满足系统管理组织信息安全需求而提供的服务，包括安全集成、风险评估、渗透测试、合规咨询、安全检查、应急防护等专业信息安全服务。

14.1.3 产业链结构

目前，我国网络信息安全产业链较为完整。我国信息安全产业链基本上分为上游、中游、下游三个结构。上游为T设备提供商、基础组件提供商和基础软件提供商；中游是信息安全软件制造商、信息安全硬件制造商、信息安全系统集成企业和安全服务咨询公司；下游是政府、军队和职业单位及电信、金融、能源、制造业等。

14.2 信息安全行业发展概况

14.2.1 全球信息安全行业发展概况

目前，世界信息技术发展迅速。信息技术的应用促进了全球资源的优化和发展模式的创新。互联网对政治、经济、社会和文化的影响更为深远。信息技术已经渗透到人们生活的各个领域。网络和信息系统已成为关键基础设施和整个经济社会的支柱。围绕信息获取、利用和控制而展开的国际竞争日趋激烈。确保信息安全已成为各国面临的重要问题。近年来，世界范围内发生了许多重大安全事件。2013年曝光的“棱镜门”事件、“RSA后门”事件，以及2017年爆发的新“蠕虫式”勒索软件WannaCry，引起了人们对信息安全的广泛关注。从最初的自发和分散攻击到专门的有组织行为，网络攻击呈现出攻击工具的特殊性、目的的商业化和行为的组织化等特点。随着盈利能力成为网络攻击的核心，许多信息网络漏洞和攻击工具被犯罪分子和犯罪组织商品化，利用利润加速信息安全威胁的扩散。个人信息和敏感信息泄露的信息安全事件，可能引发网络诈骗、电信诈骗、金融勒索等严重刑事案件，最终造成严重的经济损失；政府机关、工控系统、互联网服务器等受到攻击和破坏。重大安全事件将导致能源、交通、通信、金融等基础设施瘫痪，造成灾难性后果，严重危害国家经济安全和社会公共利益。全球网络安全形势总体不容乐观，国际网络空间竞争日趋紧张。

14.2.2 我国信息安全行业发展概况

1. 国家战略的重要组成部分

我国一直高度重视信息安全产业的发展。早在2003年，中共中央办公厅、国务院办公厅就转发了中共十六届四中全会《国家信息化领导小组关于加强信息安全保障工作的意见》，将信息安全上升到国家安全的战略高度，明确提出确保国家政治安全、经济安全、文化安全和信息安全。2017年7月，国家互联网信息办公室起草了《重点信息基础设施安全保护条例（征求意见稿）》，提出了顶层设计、整体防护、整体协调、分工负责的原则，充分发挥了主体作用，参与并共同保护关键信息基础设施的安全。信息安全产业作为信息安全技术、产品和服务的提供者和实施者，肩负着国家信息安全和国防安全的历史使命。

2. 行业总体规模

中国信息安全软硬件和服务市场规模自 2016 年以来，一直保持较快增长态势。其中，安全硬件市场占有的份额最大，安全服务市场、安全软件市场规模快速增长。随着云计算和大数据技术的快速发展，预计我国信息安全市场未来将继续保持快速增长，且国内信息安全产业增速高于全球增速。

根据中国信息通信研究院发布的《中国网络安全产业白皮书》的数据显示，2020 年我国网络安全产业规模达到 1729.3 亿元，较 2019 年增长 10.6%。2021 年产业规模约为2002.5 亿元，增速约为 15.8%。

14.3 行业发展的影响因素及趋势

14.3.1 信息安全行业发展的影响因素

近年来，中国信息安全产业快速发展的主要驱动因素如下。

1. 国内信息网络和重要信息系统设备的基础水平关系到国家网络安全形势

信息安全设备的自主可控和国产化是大势所趋。随着国家对信息安全的重视程度的不断增强，且已上升到国家战略高度，本地化替代是不可逆转的。随着我国技术能力的提高和政策的推动，我国信息基础设施装备将从外围走向核心，从党政军工企业的特殊市场走向消费市场。在市场上，国内置换率将逐步提高。

2. 信息安全需求的提高是推动行业快速发展的根本因素

随着我国信息化总体水平的不断提高，经济社会对信息化的依赖程度越来越高，数据一旦泄露、销毁或丢失，可能严重危害国家安全和公共利益。随着身份盗窃、交易欺诈、资源滥用、网络钓鱼等安全事件的频繁发生，政府、企业和个人都越来越重视信息安全。信息安全的需求与日俱增。政府部门和重点行业对信息安全产品和服务的投入也在不断增加，促进了信息安全产业的持续增长。

3. 国家政策支持是信息安全产业发展的重要因素

近年来，国家有关部门相继出台了一系列鼓励产业发展的法律法规和产业政策，为信息安全产业的发展创造了良好的政策环境。我国信息安全工作已上升到国家战略高度。信息安全形势越来越严峻，国家对信息安全产业的重视程度越来越高。随着政府和行业政策法规的推进，我国信息安全市场空间将不断扩大。

4. 推进信息安全标准化，促进了信息安全产业的发展

近年来，我国相继制定了一系列信息安全国家标准，进一步规范了行业发展，为信息安全产品的选择和研发提供了标准和依据，对信息安全产业的发展起到了积极的引导作用。

5. 信息技术不断发展创新

近年来，云计算、大数据、移动和社交网络的快速发展给信息系统架构带来了巨大的变化，信息安全也迎来了更多挑战。例如，云计算技术将数据中心的基础设施从原来的业务系统独立建设模式转变为资源池建设模式，服务器、存储、网络设备的部署方式也相应改变。基础设施的变化要求信息安全适应新的IT基础设施、满足新的安全需求，同时为信息安全带来新的发展空间。

14.3.2　信息安全行业发展趋势

1. 安全威胁态势智能感知

目前，大量安全产品被用来检测网络中的攻击威胁，维护网络的安全运行。然而，这些安全措施只能在一定范围内发挥特定的作用，彼此之间没有有效的数据融合和协同管理机制。

一方面，面对大量零散信息，用户无法全面直观地了解系统安全漏洞、整体攻击态势和安全防护效果，无法满足预先判断系统安全漏洞和实施防御措施的要求；另一方面，随着攻击手段的不断变化，一些先进的攻击手段非常隐蔽，很难通过单一的安全产品进行检测和保护，需要将用户网络中的所有安全事件信息、威胁信息和相关数据进行汇总，并将知识库和网络智能数据库相结合，才能快速、准确地发现网络异常和高级威胁，同时通知网络中的用户或安全设备，实现对高级威胁的智能检测和保护。

安全威胁态势感知平台可以有效地解决上述问题，它结合了基于大数据的安全分析技术、威胁智能检测技术和可视化技术，能够更系统地分析网络整体脆弱性和安全风险，呈现整体安全状态，实现攻击风险预测与防范，并能与传统网络安全产品合作，形成“全局可视、早期预测、主动预警、立体防护”的网络安全威胁新解决方案，有效提高安全防护效果和客户体验。因此，这将成为今后几年安全建设的一个重要方向。

2. 云安全和物联网安全市场

随着云计算的普及，大量的数据和服务集中在云计算数据中心。云计算数据中心面临着巨大的安全风险，其安全需求也达到了一个新的高度。安全将成为云计算领域中地位等同于计算、存储和网络的四大基础设施之一。

云计算的快速发展为网络安全产业带来了巨大的市场空间和商业价值。近年来，物联网发展也非常迅速。物联网技术不仅在家用和消费类设备上得到发展，而且在制造业、物流业、采矿业、石油、公用事业和农业等资产规模较大的行业中也得到了发展。然而，物联网的安全性非常薄弱。各种物联网终端很容易成为犯罪分子和组织入侵与控制的对象。黑客通过入侵物联网设备，逐渐渗透到整个网络，窃取大量机密信息，甚至操纵物联网设备对企业和国家进行直接攻击和威胁。近年来，由于物联网安全事件频发，物联网安全越来越受到重视。未来几年，物联网安全市场将实现快速发展。

3. 应用交付市场

随着各种互联网服务的快速发展，网络应用越来越多，各种网络应用的安全和质量管理也越来越复杂。同时，用户和服务的负载也随着用户数量和流量的增加而增加。均衡和按需平滑扩展变得非常重要。由于服务器停机、链路故障、应用程序故障等原因，故障的智能检测和自愈需求也迫在眉睫。用户迫切需要一种智能识别产品，能够使网络应用可视化、可控制，并能智能检测各种故障，平滑自愈，支持业务处理能力按需平滑扩展，从而确保应用的智能产品的智能高效交付。

基于以上要求，信息安全产业催生了新型的应用交付方式。目前，该领域需求旺盛，市场空间和商业价值较大，随着用户需求的不断增加，未来几年将继续保持快速增长。

14.4 行业分析的方法论

14.4.1 PEST 分析法

PEST 分析从政治（Politics）、经济（Economy）、社会（Society）、技术（Technology）四个模块进行。PEST 分析需要大量充足的相关研究资料，并需要对所分析的公司有深刻的了解。否则，这种分析很难进行。其中，经济方面主要包括经济发展水平、规模、增长速度、政府收支和通货膨胀率。政治方面包括政治制度、政府政策、国家产业政策和相关法律法规。

（1）政治（Politics）：主要包括政治制度、政治形势和政府态度；法律环境主要包括政府制定的法律法规。

（2）经济（Economy）：构成经济环境的关键战略要素有国内生产总值、利率水平、财政和货币政策、通货膨胀、失业率、居民可支配收入水平、汇率、能源供应成本、市场机制、市场需求等。

（3）社会（Society）：影响最大的是人口环境和文化背景。人口环境主要包括人口规模、年龄结构、人口分布、民族结构和收入分配等因素。

（4）技术（Technology）：不仅包括发明，还包括与企业市场相关的新技术、新工艺、新材料，以及应用环境的产生和发展。

14.4.2 波特五力模型

波特五力模型是迈克尔·波特（Michael Porter）于20世纪80年代初提出的，他认为行业内有五种力量决定着竞争的规模和程度。

1. 供应商的议价能力

供应商通过增加投入要素价格和降低单位价值质量来影响企业现有的盈利能力和产品竞争力。供应商的实力主要取决于他们提供给买方的投入因素。当供应商提供的投入因素价值占买方产品总成本的很大比例时，对买方产品生产过程至关重要，当买方产品质量受到严重影响时，供应商与买方潜在的议价能力大大增强。一般来说，满足以下条件的供应商群体具有较强的议价能力：

（1）供应商行业受一些市场地位相对稳定、不受市场激烈竞争影响的公司控制。他们的产品有很多买家，所以每个买家都不能成为供应商的重要客户。

（2）各供应商企业的产品具有一定的特点，使买方难以转换或转换成本过高，或难以找到与供应商企业产品相竞争的替代品。

（3）供应商很容易实现正向关联或集成，而买方很难实现反向关联或集成。

2. 购买者的议价能力

买方主要通过降低价格和提高产品或服务质量来影响现有企业的盈利能力。买方议价能力的影响因素主要有以下几个：

（1）买方数量少，每个买方都购买了大量的货物，占卖方销售额的很大比例。

（2）卖方产业由大量相对较小的企业组成。

（3）买方基本上是标准化产品，同时从多个卖方购买产品在经济上是可行的。

（4）买方有能力实现后向一体化，而卖方不能实现前向一体化。

3. 新进入者的威胁

新进入者在给行业带来新生产能力、新资源的同时，也会希望在已被现有企业瓜分完毕的市场上赢得一席之地，这就有可能与现有企业发生原材料与市场份额的竞争，最终导致行业中现有企业盈利水平降低，严重的还有可能危及这些企业的生存。竞争性进入威胁的严重程度取决于两个方面的因素，这就是进入新领域的障碍大小与预期现有企业对于进入者的反应情况。

进入障碍主要包括规模经济、产品差异、资本需要、转换成本、销售渠道开拓、政府行为与政策、不受规模支配的成本劣势、自然资源、地理环境等，其中有些障碍是很难借助复制或仿造的方式来突破的。预期现有企业对进入者的反应情况，主要是指采取报复行动的可能性大小，这取决于有关厂商的财力情况、报复记录、固定资产规模、行业增长速度等。总之，新企业进入一个行业的可能性大小，取决于进入者主观估计进入所能带来的潜在利益、所需花费的代价与所要承担的风险这三者的相对大小情况。

4. 替代品的威胁

不同行业的两家公司可能会互相竞争，因为它们生产的产品是彼此产品的替代品。这种来自替代品的竞争将以各种形式影响当前的工业企业竞争战略。

（1）由于存在用户容易接受的替代品，现有公司的产品价格和利润潜力的增加将受到限制。

（2）由于替代品生产者的入侵，现有的公司必须提高产品质量，或者降低成本以降低销售价格，或者使产品与众不同，否则他们的销售和利润增长目标可能会受挫。

（3）替代品生产者的竞争强度受产品购买者转换成本水平的影响。简言之，替代品价格越低、质量越好，用户转化成本越低，所能产生的竞争压力就越大；而替代品生产商的这种竞争压力的强度，可以通过考察替代品销售率的增长来具体考察替代品制造商的生产能力和利润扩张。

5. 同业竞争者的竞争程度

在大多数行业中，行业内现有公司间彼此的利益是紧密相连的。作为公司整体战略的一部分，每家公司的竞争战略目标都是使自己的公司能够在竞争中取得优势。因此，在实施中，不可避免地会发生冲突，这些冲突构成了现有企业之间的竞争。现有企业之间的竞争往往表现在价格、广告、产品介绍、售后服务等方面，其竞争强度与多种因素有关。

一般情况下，下列条件的发生将意味着行业内现有公司之间的竞争加剧。这是因为行业进入壁垒较低，竞争对手较为平等，竞争对手范围较广；市场日趋成熟，产品需求增长缓慢；竞争对手试图通过降价等手段进行推广；竞争对手提供的产品或服务几乎相同，用户转化成本极低；如果一项战略行动成功，其收入可观；具有强大外部产业的公司在接手弱小企业后，发起进攻性行动，从而使新接手的公司成为市场上的主要竞争者；退出壁垒更高，也就是说，退出比赛比继续参加比赛更昂贵。在这里，退出障碍主要是出于经济、战略、情感、社会政治等方面的考虑，包括资产的特殊性、退出的固定成本、战略的相互制约、情感的不可接受性、政府和社会的各种制约等。

14.4.3 SWOT 分析法

SWOT 分析法，即基于内外部竞争环境和竞争条件的态势分析，就是列举与研究对象密切相关的主要内部优势与劣势、外部机会与威胁，并以矩阵形式进行列举。然后运用系统分析的思想对各种因素进行整理分析，得出一系列相应的结论，这些结论通常具有一定的决策性。

运用 SWOT 分析方法，可以对研究对象所处的形势进行全面、系统、准确的研究，根据研究成果制定相应的发展战略、规划和对策。

S（Strengths）是优势，W（Weaknesses）是劣势，O（Opportunities）是机会，T（Threats）

是威胁。根据企业竞争战略的完整概念，战略应该是企业所能做的（组织的优势和劣势）与可能做的（对环境的机遇和威胁）的有机结合。

SWOT 分析通常用于制定集团的发展战略和分析竞争对手。它是战略分析中最常用的方法之一。在进行 SWOT 分析时，主要从以下几个方面进行考虑。

（1）环境因素分析：运用各种调查研究方法，分析公司所处的各种环境因素，即外部环境因素和内部能力因素。外部环境因素包括机会因素和威胁因素，是直接影响外部环境发展的有利因素和不利因素，它们是客观因素。内部环境因素包括显性因素和弱势因素。它们是公司在发展过程中自身存在的积极因素和消极因素，它们是主观因素。在调查分析这些因素时，既要考虑历史和现状，又要考虑未来的发展问题。

（2）SWOT 矩阵的构建：SWOT 矩阵是通过对调查获得的各种因素按优先顺序或影响顺序进行排序构建的。在此过程中，优先考虑对公司发展有直接、重要、重大、紧迫和长期影响的因素，其次考虑间接、次要、紧迫和短期影响的因素。

（3）制定行动计划：在完成环境因素分析和 SWOT 矩阵构建后，制定相应的行动计划。制定计划的基本思路是，发挥优势，克服劣势，抓住机遇，化解威胁；回顾过去，立足现在，着眼未来。运用系统分析的综合分析方法，对所安排和考虑的各种环境因素进行匹配和组合，得出公司未来发展的一系列可供选择的战略。

14.4.4 价值链分析

价值链分析方法是一系列输入、转换和输出活动的集合。每一项活动都可能产生与最终产品相关的增值行为，从而提高企业的竞争地位。信息技术和关键业务流程的优化是实现企业战略的关键。通过信息技术在价值链过程中的灵活运用，企业通过发挥信息技术的有效性、杠杆性和乘数效应来增强企业的竞争力。

价值链分析要求作为企业灵魂的企业主、CEO 和高级管理团队具有相当的组织领导和管理能力。价值链分析的步骤如下：

（1）将整个价值链分解为与战略相关的活动、成本、收入和资产，并分配给“有价值的活动”。

（2）确定引起价值变动的经营活动，并在此基础上分析经营成本形成的原因及其差异。

（3）分析整个价值链中各节点企业之间的关系，确定核心企业的运营与客户、供应商之间的相关性。

（4）利用分析结果对价值链进行重组或改进，以便更好地控制成本动因，产生可持续的竞争优势，使价值链中的每个节点在激烈的市场竞争中获得优势。

总之，公司价值链分析对核心企业与节点企业关系的影响可以体现在以下几个方面：

（1）核心企业与节点企业联系广泛。例如，核心公司向单个供应商提供价值链上其他联盟公司的相关数据，分析成本结果与供应商的平均网络的差异，分析供应商可能的运作过程及其改进，并讨论预期结果，将提高供应商对彼此意图、需求和过程的理解，增强企业在价值链中的相互影响和凝聚力。

（2）联盟企业在价值链中客观、透明的成本信息。当供应链运营成本变化的结果变得透明时，联盟企业可以自己判断实现增值链和通过增加利润获得正常利润分享的可能性，这有利于核心企业和节点企业及节点企业之间广泛地接触，企业之间的谈判和决策也有助于确保联盟公司在价值链中的完整性。

第 15 章 安全生态运营

本章在介绍了安全生态运营的定义和相关背景之后，简要地介绍了我国安全生态运营的现状。除此之外，还重点讲解了基于安全生态运营的发展模式，以及如何建设安全生态运营。

15.1 安全生态运营定义及背景

15.1.1 定义

首先，网络安全生态学是仿照古代生物生态学的数学模型，定量描述了黑客、红客和用户的生存与环境之间的关系，解释了一些宏观现象，为保障网络空间安全提供了战略参考。

从安全的角度来看，网络空间主要有三种动物：黑客、红客和用户。更生动的是，在网络空间的大草原上，有“肉食”黑客、“草食”用户和“牧民”红客三种角色。值得注意的是，这里之所以说“牧民”而不是“猎人”，因为猎人和狮子之间的关系不是红客与黑客之间的竞争关系，而是狩猎与被猎杀的关系。

网络安全生态学分析网络空间安全参与各方的动态行为，以及一方或多方互动时的生态环境特征。例如，病毒恶意代码在网络中是如何传播和产生危害的、黑客（红客或用户）的生态特征、黑客与红客（黑客与用户、红客与用户）在相互作用时的互动生态特征，以及三者交互时的生态特征。

15.1.2 背景

数字经济的繁荣与发展是一个全球性的趋势。互联网在给人们的生活带来便利的同时，也伴随着隐患和风险。面对层出不穷的数据泄露、漏洞和其他网络安全事件，任何国家或企业都无法独善其身。因此，构建数字安全生态系统已成为各界的共识。要坚持“引进来、走出去、协同创新、共同发展”的理念。在国际化的趋势下，必须共同推动数字安全生态系统的发展。

随着我国互联网基础设施建设的不断完善，在国家政策的大力支持下，我国的网络空间环境越来越清晰，国内安全企业实现“曲线超车”的机会也越来越多，但由于产品竞争力不强、技术研发投入不足，国内市场竞争水平较低，目前我国网络安全产业发展频频受阻。

城市对安全的要求已经从物理空间安全延伸到网络空间安全。虽然经过最近几年的网络安全建设，城市网络安全体系已达到一定规模，但问题仍然十分突出，主要表现形式是，目前城市网络安全管理缺乏对网络安全状况的控制，表明威胁情报搜集分析和检测预警能力不足；网络诈骗造成了不良的社会影响，且仍然大量存在；网络安全案件不能及时得到处理，表明侦查取证和追查来源的机制、措施和技术有待改进；公众网络安全防护意识淡薄，对网络安全工作发展形成了阻力。

对于以上安全生态问题主要总结为以下三点。

第一，网络安全产业没有良好的生态环境。网络安全产业具有技术多样性和同质竞争的特点。此外，大多数人对网络安全的认识还处于初级阶段。我国大多数网络安全公司基本上都处于解决生存问题的阶段，没有能力部署资源共建良好生态环境。

第二，攻防不平等将长期存在。我国网络安全建设的目的不仅是应对国内的安全攻击和黑客攻击，更是为了应对全球黑色产业链的挑战。双方在立场和实施方式上存在巨大差异，应该继续增加袭击者的成本，同时增加惩罚的力度和手段。

第三，威胁会升级。十年前，威胁主要针对硬件服务器、软件操作系统和高价值企业。今天的威胁主要针对数据、健康和生命。未来威胁针对国家、社会、政治和国家层面。

15.2 中国网络安全生态现状

15.2.1 买不来，靠不住，走不远

我国当前的网络生态依然存在很多问题，例如，互联网网络顶级域名管理掌握在外国机构手中；核心技术与核心标准不在自己手中，我国互联网产品适应国际市场的产品还不够多。许多技术尤其是核心技术研发与我国的市场地位吻合度尚低……综合起来便是要克服“买不来，靠不住，走不远”的相关问题。我们需要思考短板，强调创新，强化核心技术自主开发，以便能够应对各种可能的危风险和危机。

15.2.2 边缘参与者

国内运营商目前在安全领域发展得还不成熟，暂时处于边缘参与者的地位。整体安全服务能力弱，用户黏性差。运营商在网络安全领域的主要业务是与基础网络安全相关的安全网关、DDoS 等，安全应用较少、服务能力弱、用户黏性差，需要挖掘用户数据的价值。运营商没有独立的安全平台，用户信息采集和处理能力差，数据价值无法实现，合作伙伴介绍能力差。目前，运营商在网络安全领域的核心优势并不明显。缺乏有吸引力的合作机制和利益分享机制，导致合作伙伴减少，缺乏成熟稳定的合作关系。

15.2.3 投入不足

网络安全的生态环境是网络安全技术创新的基石。然而现实情况是，国内产业规模与欧美国家相去甚远，主要原因之一是投入欠缺。每一家网络安全公司都在挣扎求生，这对技术创新具有破坏性。为了生存，每一个企业都在努力把所有的产品线整合起来，努力形成一个整体的解决方案，但是精品很少。各自的研发能力也基本上是分散的，在技术创新方面发挥作用的可能性更小。由于缺乏产品技术能力，国内网络安全企业无法大规模走出国门，国内市场人满为患，只能对广阔的海外市场望洋兴叹。

网络威胁和网络安全具有全球性的特征。中国品牌的网络安全产品和服务需要充分参与全球市场竞争。只有通过竞争才能了解自己的水平和能力，从而更好地优化国有品牌的综合实力、提高我国企业的技术创新能力。同时，网络安全是一个庞大的、包罗万象的技术体系。世界上没有一家网络安全供应商能够覆盖整个系统，更不用说让系统中的每一个技术类别都变得优秀了。但是，如果每一家网络安全公司都能实现自己最有利的技术方向达到卓越甚至世界领先水平，那么这必将使我国的网络安全生态系统在和谐发展的同时具有强大的影响力，从而使我国在全球网络经济中拥有更重要的地位和话语权。

15.3 安全生态运营发展模式

15.3.1 安全生态运营的基础与保障

第一，安全生态运行的基础是建立无边界安全连接。在全球范围内，网络安全问题已经突破传统的网络界限，跨越国家和地区界限，成为无处不在的全球性威胁。为此，安全生态运营的基础是明确“构建全球安全无国界连接”，倡导以“开放”为出发点，纵向跨越人、企业、机构、行业、政府，横向跨越企业、行业边界，以及完全相关的边界理论。

第二，规范机制、保证持续增长是安全生态运营的保障。如果没有相应的落地机制，互联网安全国际合作体系的建设很可能只停留在纸面上。常态化的合作机制已成为建设各方一致认可的安全生态系统的保障。

15.3.2 安全生态运营的核心

加快构建网络安全新生态，需要围绕开放合作与深化联系、技术创新与成果共享、产业融合与常态化合作三个核心点。

以“开放”为出发点，建立纵向跨越人、企业、机构、行业、政府，横向跨越企业、行业、国界的全方位联系，已成为业界共识。据惠普发布的《2015 年网络安全运营状况报告》显示，全球企业在网络攻击准备方面严重不足。在解决全球网络安全问题时，即使是许多世界顶级公司也没有完美的解决方案。因此，必须充分建立全球企事业单位之间深度和广度的联系，实现全球深度联系，这是解决全球网络问题的重要途径之一。

关于加深联系，丁珂给出了比较全面的解释。联系的内容包括：思想的连接，即先进安全理念的碰撞与融合；数据的连接，即安全大数据的共享；信息的连接，重大安全措施的连接，以及安全威胁检测技术与知识的连接，即前沿技术交流与合作；标准的连接，即标准对接，消除合作障碍。

随着技术的进步，互联网安全正面临着更新和更困难的挑战。各部门要形成合力，在人工智能、量子通信、云安全等关键技术上相互沟通、相互激励、加快创新、形成突破，通过合作和共享，迅速将这些技术能力交给安全生态系统的参与者。

技术是一把“双刃剑”，它在带来进步的同时，所产生的破坏力也显而易见。基于云的网络攻击、基于大数据的隐私泄露、基于智能终端的网络攻击，对各行业企业的发展构成了巨大威胁。如何快速利用新技术和新应用提供匹配的网络安全解决方案已成为解决新兴网络安全问题的重要课题。

各行业坚持开放、共享、集成的理念，共享数据和技术，建立重大安全行动和重大威胁信息互联互通机制。让产业融合的长期落地和安全生态的可持续增长，都有正常机制的保障。同时，充分考虑推进人才和技术标准化，扫清跨境、跨行业对接和融合障碍。

15.3.3 安全生态运营的关键点

生态化运营要求企业通过各种方式不断向系统注入能量，使网络具有不断进化的能力。关键或目标是获得足够数量的网络用户，保证网络用户的活跃性，挖掘网络用户的生命价值，即通过运营手段促进网络用户不断产生核心交互，在交互中获取价值。

15.3.3.1 获得足够数量的网络用户

无论是传统业务还是互联网，推出新产品的目的都是获得足够数量的用户。网络生态的第一个核心指标是“网络用户数”。以传统企业为例：在传统企业中，某公司生态战略中采用著名的“二维点阵图”进行价值评估。

市场是测试绩效的最佳方式。每个人和每个企业都必须由用户进行评估。这个公司的创新之处在于将互动价值和交易价值统一在“二维点阵图”中，如图 15-1 所示。这张图片的含义是把产品卖给一个指定的用户并了解他的需求。

水平轴代表传统的 KPI 指示器。与传统方式不同的是，这一指标不是领导指定的，也不是员工自己提出的，而是由市场决定的。公司内部产品的市场定位是“先行”，即大幅超越竞争对手，成为整个细分产品领域的领导者。

但是，“先行”指标不能由传统的“销售”模型来完成，而必须反映出垂直轴上的用户价值。海尔将这个用户价值定义为最关键的指标——网络用户数量，这是生态运营的第一个关键指标。产品推出后，将获得真实有效的网络用户数量。对应于生态的底层逻辑，网络用户数是生态网络原型中的一个节点。这是非常重要的，因为人们是生活的、三维的、动态变化的。这是与所有其他节点不同的关键属性。围绕人类“节点”的网络效应、协同效应和价值比其他节点要大得多。生态网络具有进化能力的原因也是如此。

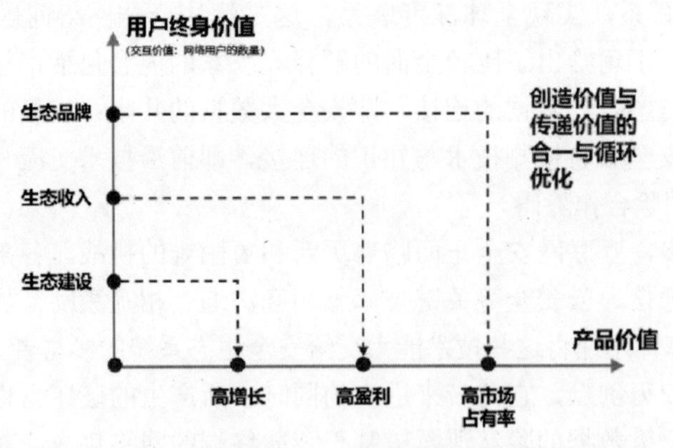

图 15-1　二维点阵图

但与此同时，许多传统公司也推出了一款应用，声称注册用户数量已经超过 1 亿。如果没有活动，它只有 1 亿次断开连接。它与静态节点无关，根本没有网络价值。此时，行动的第二个关键操作需要发挥作用，那就是促活。

15.3.3.2　保证网络用户的活跃度

互联网生态的第二个关键价值或目标是用户活动。拥有足够的注册用户还必须确保用户处于活动状态，然后生态才能真正开始有价值。这就是为什么资本市场和互联网公司创建了诸如日常生活和月度生活等指标来衡量互联网公司的价值。

互联网生态运行的第二个关键举措是千方百计推进注册用户活动。通过产品和运营的共同努力来增加活动。除了符合生态战略价值的产品外，常规的促活方式还有以下几个。

1. 确保生态所在区域有高频的潜力

金融领域的支付行为也是一种自然高频场景。但传统价值链中的保险业务并不具有高频特性，保险产品的生产、销售、承保、理赔、再保险等环节都不具备频繁的可能性。

从这个角度来看，保险业生态建设在战略上是“虚拟”的，不可能是现实的。然而，保险的特性可能与其他高频行为有关，即在高频场景中设计保险产品。情景保险就是这种类型，如自行车意外保险等。

2. 产品促活

利用产品特性提升活力主要包括以下两大类：

第一类是产品的区域确实满足了用户的需求。例如，微信产品社交网络做得很好。

第二类是一些小把戏，如报到、会员制、徽章、积分兑换奖品等，这些都是补充的小把戏，不能作为主要手段。它们本质上没有为用户和社会创造任何价值。

3. 高质量内容

内容可以是基本产品的内容运营，如社区产品要尽可能多地增加优质岗位；图书阅读产品要丰富电子书的数量和质量等。以社区为例，这是一个典型的 CUG 产品。保证高质量内容的核心是内容出口商，尤其是主出口商。随着“80 后”“90 后”的觉醒，个人的重要性将逐渐成为一种新的社会现象。如何平衡头用户和分散节点用户之间的关系，是未来检验生态运行的另一大挑战。

4. 活动运营

活动运营是一个关键的运营手段，先进的形式是造势、创节、创动作，如“双 11”“6 • 18”、除夕演讲、除夕红包、除夕集五福等。每件大事都是线上、线下、流量、系统等的集合。

能否创造性地策划具有引爆能力的活动，一方面是对团队的创造力的考验；另一方面也是对生态系统能力的考验。

5. 高频和低频

保险业本身就是一个低频业务。因此，保险业高频和低频战略的关键是在保险业之外寻找场景，如社交、电子商务、阅读等，可以规划出高频、低频之间的相关性。

6. 个性化匹配

PC 时代以查询为主，即人们寻找产品和信息的方式。在移动和人工智能时代，智能配送和智能推荐，即所谓的个性化匹配，是一种寻找产品和信息的模式。实现生态领域的一对一、个性化、精准匹配也是一种推广形式。如标题与信息与人的智能匹配、振动与短视频与人的匹配、流利的口语与口语学习模式与人的匹配等，都会对活动产生非常积极的影响。

7. 其他方式

推送、短信、邮件提醒等技术只是给生态带来一定程度活动的手段，却无法解决“用户价值创造”的核心问题。没有核心价值生态，技能越低，在很多情况下，就越会导致老用户流失。

提升活动是生态进化的核心，所以即使是微信这样具有自然活动属性的社会生态，也每天都在努力提升生态用户的活动。大型企业几乎每个月、每个星期、每天都在搞节日。大节日与小节日相互穿插、相互协调，人工节日与机械节日相互协调。例如，我们每次打开淘宝应用都会有各种各样的活动、节日等。更人性化的是，用户选择了关注或喜欢的品牌后，每次用户打开淘宝应用，网络都会自动生成属于用户个人的节日或活动，达到所谓的“个性化、一对一”的六字策略。

15.3.3.3 挖掘网络用户终身价值

企业要注重用户生命周期价值（LTV），重视生命周期价值的培育和挖掘。例如，用户偶然购买了一家公司的意外保险。如果是一个重视 LTV 的企业，它一定会想方设法促进用户和企业产生更多的互动，对于生命价值的转化要结合保险业进行透彻的解释，以下是三个最重要的问题。

1. 运营和服务

用户第一次交互（事务也被计算在内）。例如，应用程序已注册，如果没有其他交互行为，实际上，这只是应用程序底部网络空间中的一个“节点”。这个节点与网络中的任何其他节点都没有有效的交互，即没有形成网络。简单地说，它是死数据。死亡用户并不活跃。

对于重视 LTV 的公司来说，在第一次互动形成后，他们肯定会想方设法让用户在应用程序或离线的地方与公司互动。一方面，丰富的交互可以生成各种数据，这些数据可用于挖掘潜在需求并精确匹配服务；另一方面，只有相互作用才能具有转化潜力。

互联网技术带来了信息的高度透明。最先死去的是那些产品信息不透明、产品质量低劣的公司。那些看好 LTV 的公司从一开始就不必过于担心沟通问题。100 万用户中有 1000 名忠实优质的粉丝，就可以让一个人感到舒适，1000 名粉丝为他们的 LTV 做出了贡献。但如果拥有 10 亿用户，却没有一个忠诚、高质量的粉丝，它的价值仍然很低，这便是 LTV 的价值。

2. LTV 结合续期产品价值

10 年、20 年甚至 30 年的更新产品在形式上与 LTV 非常相似。事实上，更新产品是 LTV 的一种形式，也是终身用户 LTV 挖掘的重要组成部分。拥有数亿更新产品、不断与公司互动的用户，应该是每个公司孜孜以求的目标。

3. 销售是起点，服务不是终点

在强调销售而不是服务的时代，销售是终结。实际上，服务思维告诉我们，销售只是一种行为，是用户服务的出发点。通过首次销售的关键动作，企业可以有效地预测用户需求并形成推荐。一旦有了首次销售，公司就有足够的理由与用户联系。接触过程是一个互动的过程，是一个积累高质量数据的过程，是一个挖掘价值的过程。客户的获取成本通常最高，但也最容易被公司浪费。

15.4 安全生态运营建设

15.4.1 人才与技术

安全生态也是一个生态圈，其核心是人。人的力量是无限的，是动态的。每个人的潜力都不可低估。因此，关注安全生态系统关乎人的动态发展，而关注人则是通过挖掘和管理每个人的潜在力量来帮助公司实现自己的安全。通过对安全生态系统成员画像的分析，挖掘出不同层次的可用资源。

（1）对安全生态系统中的不同人群进行分类，挖掘不同人群的不同潜能。

（2）管理安全生态系统中成员的肖像，通过现有的大数据分析成员肖像，并初步形成每个群体的不同肖像，为维护与每个群体的关系提供数据支持。

（3）熟悉安全生态系统成员关系网络，形成点驱动的影响。

（4）熟悉安全生态系统各成员的不同技术点或技术领域，为今后的合作提供参考

资料。

（5）熟悉安全生态系统成员的成长轨迹和不同时期的需求，增加成员的黏性。

另外，新的安全生态系统需要无障碍地互联互通，互联互通顺畅的前提是标准的统一，即人才和技术的标准化。持续的人才和技术输出将为整个安全生态系统输送血液和营养。在日益严峻的全球安全形势下，我国安全部队在推动建立无国界、全方位、常态化的安全合作机制及规范化的人员和技术等方面发挥着越来越重要的作用。这也将进一步推动全球安全力量高度融合，最终形成共享的安全生态系统。

15.4.2 安全跨界融合

首届 CSS 安全峰会首次提出了“互联网安全新生态”的话题，旨在构建新安全+新生态，构建开放、共享、融合的平台，建立互联网安全新秩序。面对网络安全威胁，不仅“安全”概念亟待重构，加强网络安全合作也已成为大势所趋。“互联网+”意味着打破安全产业与其他产业的隔离，使安全与关注物联网发展的产业深度融合，为互联网产业的经济发展保驾护航，构建共同发展的新生态系统。与此同时，全球信息网络安全领域也呈现出跨国界发展的新趋势，安全问题已成为影响全局的关键问题。新时期的网络安全也正从过去的威胁、攻防安全应对和基于联合博弈的安全策略过渡到综合治理时代。

在当前形势下，跨境安全呈现出以下三大特点：

（1）跨境安全合作。在全球联系日益加强的背景下，从一个国家和一个地区开始的小规模网络攻击可能迅速演变成全球性风险，跨国合作已成为防范互联网安全威胁的主旋律，跨境安全已成为共识。

（2）安全生态跨行业建设。在“互联网+”趋势下，互联网的创新成果深入社会经济的各个领域，形成了以互联网为基础设施和实施工具的新的经济发展形式。信息安全已经不仅仅是一个行业对互联网的关注。“互联网+”加速了产业融合、技术和服务创新，同时也给安全带来了前所未有的挑战。互联网金融、智能汽车、人工智能、云服务、数据应用等各个行业的发展都离不开网络安全的基本保障。

（3）安全技术创新跨越虚拟与现实、软硬件、人工智能、虚拟现实、云计算等尖端技术的商业化，让一些只出现在科幻电影里的场景成了现实：服务机器人、无人驾驶汽车、虚拟现实视频。一旦其控制系统受到网络攻击，用户的隐私将面临泄露的风险，甚至危及用户的生命安全。

不用说，威胁互联网安全的力量正在发动一场跨越时间和空间的战争、一场短期内看不到结局的战争。任何环节的疏漏都可能造成系统性的安全灾难。因此需要共同构建“和平、安全、开放、合作”的网络空间，以跨境发展安全理念应对全球网络安全问题。政府机构、互联网行业、安全行业应“联动”，共同“生机勃勃”，确保智慧生活的繁荣与共同成长。

此外，开放合作、产业融合和技术创新是安全跨境增长的三大举措。

开放合作使安全技术能够与产业链各方建立“联系”，以开放的姿态与任何需要安全的企业、组织和个人进行信息共享；产业与产业融合，让数据技术在产业与产业之间共享，并实现行业技术标准化、集体防御体系和动态安全机制；技术创新，开发增强信息安全的前沿技术，检测和防范新的安全威胁，构建安全可控的信息技术体系。

首先，保持和进一步发挥现有优势，加强技术研发与合作拓展，形成以自身优势产品为核心的成熟的网络安全解决方案。其次，利用网络、资源和关系吸引合作伙伴，建立联合实验室、安全运营中心，并转变其为安全服务提供商。最后，吸引应用和数据服务提供商成为合作伙伴，整合基于平台的用户数据。